잇다

땅에서 하늘을 잇고
군에서 사회를 잇는
리더십

잇다
-땅에서 하늘을 잇고, 군에서 사회를 잇는 리더십

1판 1쇄 인쇄 2026년 3월 20일
1판 1쇄 발행 2026년 3월 25일

지은이 | 김진홍
펴낸이 | 권성자   편집 | 심은정   디자인 | 홍동원   홍보*마케팅 | 김리하
펴낸곳 | 도서출판 아이북(임프린트 창이 있는 작가의 집)
주소 | 04016 서울 마포구 희우정로 13길 10-10, 1F
전화 | 02-338-7813   팩스 | 02-6455-5994   이메일 ibookpub@naver.com
출판등록번호 | 10-1953호 등록일자 2000년 4월 18일
ISBN 979-11-90715-11-9   03390
© 김진홍 2026 Printed in Seoul, Korea

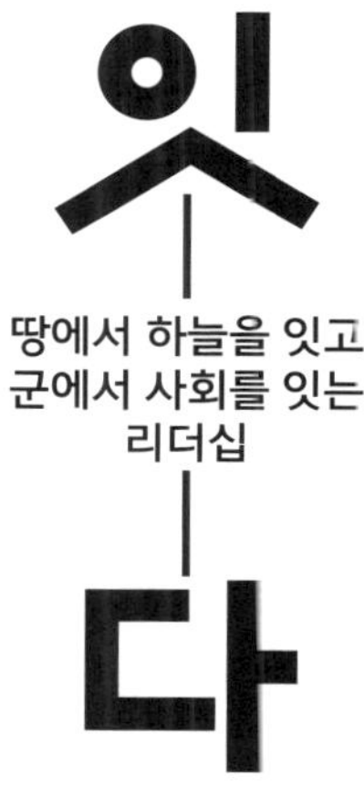

잇다

땅에서 하늘을 잇고
군에서 사회를 잇는
리더십

김진홍 지음

창작집

내가 중령이었을 때 공군본부에서 저자인 김진홍 소령을 처음 보았다. 그는 외적으로 강해 보인다기보다는 내적으로 탄탄한 내공을 보여준 군인의 모습으로 기억된다.

김진홍 장군은 공군 1세대 방공포병으로서, 방공포병 후배들이 힘든 상황에서 일하는 것을 안타까워하면서 조금이라도 좋은 환경을 만들어주기 위해 늘 노력했다. 그때는 육군에서 공군으로 전군되어온 지 얼마 되지 않아 공군은 전반적으로 방공포병 부대에 대해 잘 알지 못했고 조금은 거리감도 느끼던 시기였다. 그는 방공포병 부대를 적극적으로 공군에 알리고 다른 특기 분야와 협력해 방공포병 부대가 공군의 정예로 거듭나도록 꾸준히 노력하였다.

당시 그와 나눈 대화를 통해 나 또한 우리 영공에 승인되지 않은 비행체나 항공기가 침입했을 때, 방공포병 부대가 우선하여 대응하는 중요한 역할을 한다는 것을 이해할 수 있었다. 그가 늘 하던 말처럼 '땅에서 하늘을 잇는 방공포병 부대'는 그야말로 공군 전투의 한 축을 담당하기에 그와 함께 공군 전력을 상승시키기 위해 많은 노력을 했던 게 떠오른다.

중령이 되기 전부터 그는 출신을 두고 불평불만을 늘어놓기보다 늘 학습의 길을 걸으며 공군 무기체계로 방공포병 부대 운용에 대한 고민과 연구의 끈을 놓지 않았다. 동시에 방공포병 부대의 특성상 여러 지역에 산재되어 있는 예하 부대 부하들과도 전화와 이메일 등으로 끊임없이 밀접하고 세심한 소통에 나서서 효율적인 지휘 체계를 확립했다. 그는 늘 리더십이란 부대원 간의 유대감을 높이며 사람과 사람을 이었을 때만 제대로 발휘될 수 있다고 이야기했다.

이 한 권의 책에는 김진홍 장군만이 알려줄 수 있는, 이어주는 힘인 '잇다' 리더십의 핵심이 담겨 있다. 인생의 큰 파도를 넘나들며 참 군인의 자세와 정신을 보여준 그의 리더십, 사회에 나가서도 늘 군대를 잊지 않고 다양한 방법으로 소중한 인연을 이어가려는 모습이 오롯이 담긴 이 책은 많은 공감과 함께 모두의 리더십을 키우는 데 실질적인 도움을 줄 것이다.

무엇보다 마치 대화를 나누는 듯 편한 문체에 에피소드 위주로 써서 읽기가 무척 편하다. 나도 읽으면서 몇 번이나 미소를 짓고, 고개를 끄덕이며 공감할 수 있었다. 그렇기에 군인이 아니라 일반인이 읽어도 좋은 리더십 책이다.

- 이왕근(전 공군참모총장, 전 콜롬비아 대사)

　충청대학교는 지속적인 교육과정의 변화를 통해 급변하는 미래를 준비하여 사회와 국가 발전에 기여할 전문직업인 양성을 중점에 두고 있다.

　저자를 만나게 된 충청오름무인항공드론교육원 역시 그 일환의 하나이다. 공군방공유도탄사령관으로 헌신하고, 사회에 나와서도 군대를 사랑하며 군인의 미래를 생각해 그들에게 필요한 성장에 관한 조언을 아끼지 않으려는 저자의 모습이 이 책에 고스란히 담겨 있다. 드론의 중요성을 알기에 한 발 앞서 교육원을 만들어 인재를 양성한 것처럼 이 책의 '잇다' 리더십을 통해 좀 더 나은 군대와 사회 또한 만들어질 거라 확신한다.

- 송승호(충청대학교 총장)

　사령관으로 모시며 부관으로 근무하던 시절, 나는 '리더의 진심은 부하에게 고스란히 전해진다'는 사실을 생생하게 느꼈다. 바쁜 일정 속에서도 부하들이 보내온 메일 하나하나에 정성껏 답하고, 장병들의 마음을 살피며 안정감을 주려 애쓰는 모습에서 진짜 리더의 모습을 보았다. 그 모습을 보며 나 역시 지휘관 시절 전입 신병들에게 더 많은 시간을 들여 소통과 공감을 실천했고, 그 결과 포대장 시절 부대를 보다 안정적으로 이끌 수 있었다.

　선배와 후배를 제대로 이어주는 리더십이 절실한 지금, 이 책은 바로 옆에서 조곤조곤 조언해주는 든든한 동료 같은 존재다.

- 전진범(공군 소령)

　3여단 시절 주임원사였던 나에게 장군이었던 저자는 '원사는 부대의 어머니'라며 매의 눈으로 부대 구석구석을 살펴주어 고맙다는 말을 자주 했다. 언제나 부대원들의 의견에 귀 기울여 '함께'라는 연대의식을 갖도록 해준 것이 가슴에 따뜻하게 남아 있다. 계급에 상관없이 그때 같이하는 사람의 노고를 제대로 인정하고 존중해주는 것이야말로 장교가 가져야 할 리더십의 기본이 아닐까 느꼈다. 이 책에는 저자가 업무 중에 들려주던 리더십의 본질이 에피소드로 고스란히 담겨 있어 재미있을 뿐 아니라 유용하게 읽었다.

- 이계복(전 주임원사)

가보지 않은 길을 간다는 것, 설레면서도 두렵다. 삶에 내비게이션이 있다면 안전한 운행이 되겠지만 길이 정해져 있어 따분할지도 모른다. 내비게이션 없이 인생을 운행한다면 한치 앞도 모르는 삶 속, 잠시도 운전대에서 손을 떼지 못할 것이다. 그러나 조금만 틀어 생각해보면 이러한 과정이 꽤나 흥미로울지도 모른다. 내가 가는 길이 곧 길이고, 새로운 발자국들을 하나씩 남길 수 있으니 말이다.

저자가 내딛는 발자국들은 지금 수많은 이들에게 새로운 희망과 설렘, 또 기대를 안겨주고 있다. 그리고 그 길에는 언제나 사람과 사람을 잇는 리더십이 함께했다.

- 이경창(작가·공군 대위)

공군항공과학고등학교 10기인 선배님은 53기인 저뿐 아니라 많은 선후배의 롤모델이다. 그렇기에 이 책은 시작부터 끝까지 우리가 가야 할 길을 보여주는 것 같은 느낌이다.

성공과 실패에 대한 여러 경험을 내 삶에도 적용해보고 싶은 욕망이 생겼다. 특히 문제였던 사람에게 새로운 권한이나 과제를 부여해 태도가 바뀌게 했다는 경험적 메시지, 또 자투리 시간을 '미니 이벤트'와 진심 어린 소통의 장으로 활용한 에피소드에서는 '짧은 시간 투자로 신뢰를 쌓는다'라는 가르침을 받았다. 리더의 삶을 꿈꾸는 모든 사람에게 꼭 필요한 책이다.

- 유은제(공군 소위)

현역으로 군대를 갔다 오고 북학하여 듣게 된 <리더십의 이해>라는 수업에서 공군 투 스타로 전역하신 김진홍 교수님을 만났다. 군대라는 큰 공동체를 이끌어온 경험이 녹아 있는 수업이라 더욱 리더십이 왜 중요한지 알 수 있었다.

사건사고가 났을 때 현명하게 대처하는 방법, 꾸준한 자기 성장의 필요성 등을 이야기한 에피소드에서는 감동과 깨달음을 얻었다. 책을 쓴다는 것은, 특히 교수님처럼 군대에서 11단계의 계급을 지나온 경험을 책으로 풀어내는 일은 정말 어려울 것 같다. 그럼에도 자신의 경험을 나누려는 마음, 좋은 독자로 함께하고 싶다.

- 강지모(대학생)

왜 지금 리더십 책인가

40여 년의 직업군인 생활을 마치고 전역한 지 10년 차가 된 지금 이 시점에 나는 왜 굳이 책을 내려 할까? 그것도 자서전, 에세이가 아닌 리더십 책을.

그 이유는 공군에서 장군(투 스타)으로 전역하고 대학교에서 학생들을 가르치면서 리더십의 중요성을 갈수록 더 절실하게 깨달았기 때문이다. 우리가 매일 겪는 크고 작은 상황에서 리더십을 제대로 발휘한다면 개인의 성장뿐 아니라 사회의 발전까지 불러올 수 있다. 그래서 나는 앞서 걸어간 사람으로서 내가 직접 시행착오를 통해 체득한, 나를 성장시키고 내가 지키고자 했던 리더십의 핵심을 어떻게 잘 전달할지 수년간 고민해왔다.

그러면서 군대 시절과 사회에 나와서까지 내가 적어 내려갔던 기록들을 다시 찬찬히 읽어나가기 시작했다. 1년, 3년, 10년, 무려 30년에서 50여 년간의 기록을 보며 '그래, 전문 작가가 아닌 기록자로서 나는 이 특별했던 시간 속에 있었던 성공과 실패의 명암들을 꾸밈없이 상황에 맞춰 정리해서 보여주면 된다'라는 생각이 강하게 들었다.

열일곱 살 때 학생 군인에서 시작해서 15일간의 하사 생활 경험, 특기전환과 전군 이야기, 독특한 이력을 배경으로 가졌으나 끝내 공군 장군이 된 것 등은 나 김진홍만이 가진 인생의 경험일 터이다. 그 길의 굽이굽이에서 부딪히며 느꼈던 고민과 힘듦, 노력과 좌절, 성공적인 부대 관리를 위한 헌신, 상관·부하와의 소통방식과 리더십 강의 등은 개인의 경험과 기록을 넘어 많은 이에게 조금이라도 도움이 될 것이라 믿었다.

그럼에도 군대 40년에 사회생활 10년여 동안의 많은 일 중에서 어떤 이야기를 뽑아내 써야 할지가 너무도 어려웠다. 사건 이야기도, 사람 이야기도, 나의 희로애락 이야기도 많았기에 우선 기준을 세워야 했다.

그래서 뽑은 기준이 바로 '여기까지 나를 성장시킨 것'이 무엇인가였다.

사회에 나와 뒤돌아보았을 때, 학생 군인으로 시작해 장군으로 전역하기까지 40여 년의 군 생활을 성공적으로 무사히 마칠 수 있었던 비결은 내가 '사람과 사람의 관계를 바탕으로 노력하면서 주위의 시공간을 끊임없이 이으려 한 것'임을 깨달았다. 공군으로 땅에서 하늘을 이어오는 동안

이 '이어가는 힘'이 매 순간순간 내 손을 잡아 이끌어주었고, 나 또한 힘들어하는 이들에게 손을 내밀어 이끌자 모두가 성장하는 경험이 이루어졌다.

그 이어가려는 힘을 키워드로 정하니 기록에서 많은 이야기들이 나와주었다. 그러자 군 생활에서뿐 아니라 현재 내가 사회에서 하고 있는 교육·사업·드론 관련 인사이트와 아웃사이트를 자연스럽게 연계해 설득력 있고 솔직한 내용을 담아낼 수 있었다. 군대에서 열심히 하였던 것처럼 사회생활도 열심히 하면서 다른 이들이 공감할 수 있는 또 다른 삶의 관점과 생각을 담은 성공 작전지도를 만들어 나누게 된 것이다.

아무쪼록 땅에서 하늘을 잇고, 군대에서 사회를 이어가는 데 필요한 리더십을 담은 이 책이 군대와 사회의 많은 선후배들에게 작은 울림을 주어 그들 또한 '기록자'가 되고 싶다는 마음을 갖게 하는 계기가 되기를 바라본다.

내가 도전한 이 글쓰기가 이후 후배 군인들뿐 아니라 변화를 앞둔 모든 이들에게 가닿아 자신의 관심과 재능을 깨달으며 또 다른 글쓰기에 도전해보도록 자극해줄 수 있다면 더할 나위 없이 좋겠다. 그런 멋진 연계성의 시작점으로 과거와 현재 그리고 미래를 잇는 이 책을 접했으면 좋겠다.

지금 이 시기에 무슨 책이냐며 핀잔을 하는 이가 있는 반면, 지나온 소중한 시간을 책으로 엮어 지금 당신과 같은 길을 걷고 있거나 걸어갈 많은 이에게 다시 한번 스스로를 반추해볼 의미 있는 시간을 만들어주는 것 또한 가치 있는 일이라며 적극 격려하는 분들이 있었기에 책 출간에 용기를 내고 포기하지 않을 수 있었다.

이 책은 그런 분들의 격려로 완성되었다.

2026. 3
김 진홍

차례

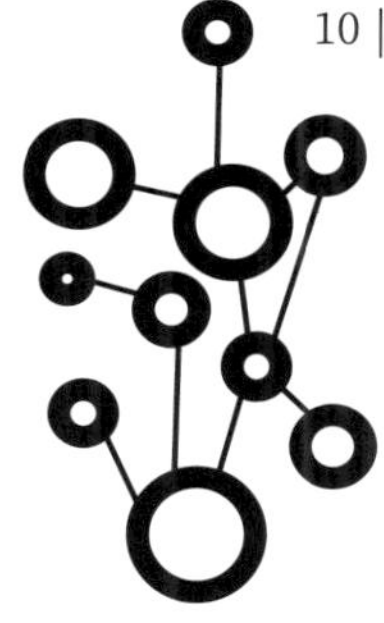

1장

나와 하늘을 잇다

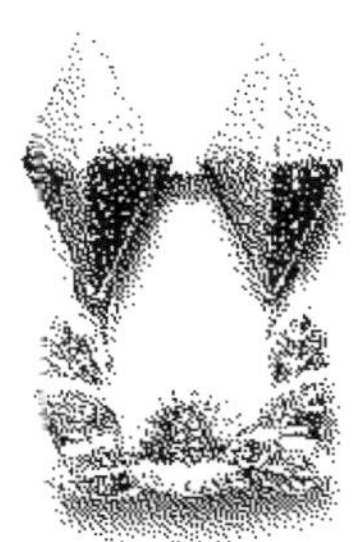

인생의 세 변곡점:

도약하는 순간들

변곡점(變曲點)은 수학에서 곡선의 구부러지는 방향이 크게 바뀌는 자리를 말한다. 이 단어는 사회 용어로 확장되면서 삶의 방향 전환점, 새로운 시작점, 또는 결정적 변화를 맞이하는 시점이라는 뜻을 가지게 되었다. 사람은 변곡점을 기점으로 그전과는 완전히 다른 인생을 사는, 말 그대로 도약을 하게 된다.

하지만 이런 변곡점은 우연히, 그냥 주어지지는 않는다. 변혁의 기회가 다가왔을 때 이를 예민하게 느껴 자신의 것으로 잡아챌 수 있어야 한다. 그러려면 자신이 원하는 바를 정확히 알고 늘 눈을 크게 뜨고 있어야 한다. 그래야 기회의 신이 다가왔을 때 놓치지 않을 수 있다.

그리스 신화에서 기회의 신 카이로스(Kairos)는 앞머리는 길고 무성한데 뒷머리는 없다. 이는 기회는 다가올 때 앞에서 잡아야지 지나고 나면 아무리 잡으려 해도 소용없다는 의미라고 한다.

1978년 2월 공군기술고등학고(현 공군항공과학고등학교) 학생으로 시작해서 2016년 12월 별 2개의 방공포병 분야 병과장인 공군방공유도탄사령관으로 전역할 때까지, 40여 년의 군 생활 동안 나는 이러한 변곡점을 세 차례 맞이했다. 삶의 축을 크게 휘어준 이 변곡점 덕에 장군 김진홍이 될 수 있었다.

정해진 트랙에서 한 발 밖으로

나는 강원도 삼척군 장성읍, 지금은 태백시라 불리는 산과 산 사이로 보이는 하늘이 유달리 좁게 느껴지는 곳에서 태어나 자랐다. 아버지가 탄광에서 전동차를 운전하는 기술자였기에 우리 집은 먹고사는 데는 문제가 없었으나 대학교 진학을 생각해도 될 만큼 가정형편이 여유롭지는 않았다. 그래서 중학교 때 대학교 진학은 아예 고려하지 않고 진로를 선택했다.

그 당시 취업이 보장되는 태백기계공업고등학교에 가는 것이 내가 선택할 수 있는 최선의 결정이었다. 형님도 태백기계공업고등학교 전자과를 나와 부산으로 가 부산조선공사에 입사했다.

자연스럽게 나도 '태백기계공업고등학교를 가야겠다'라

고 생각했고 당시 가장 경쟁률이 높고 많은 학생이 가기를 소망하던 정밀기계과에 지원했다. 결과는 감사하게도 합격이었다. 그렇게 내 미래는 결정된 듯이 보였고 나는 남은 중학교 3학년 시기를 마음 편히 보내게 되었다.

그런데 태백기계공업고등학교에 합격하고 얼마 지나지 않은 어느 날, 친구가 《전우신문》(지금의 《국방일보》)을 가져와서 공군기술고등학교 모집 공고를 보여주며 말했다.

"야, 진홍아! 우리 여기 한번 지원해보자. 학비가 무료인 데다 대전에서 기숙생활을 한대. 같이 합격해서 다른 도시에 가서 생활해보는 거 어때?"

'공군기술고등학교 10기생 모집'이라는 공고를 보는 순간 내 가슴은 크게 뛰었다. 문득 초등학생 때 하늘에서 갑자기 헬리콥터가 나타나고 그 안에서 공수부대 군인 아저씨들이 줄 하나에 매달려 뛰어내리던 광경이 떠올랐다. 제복을 입은 군인들은 남자답고 씩씩해 보였다. 공군기술고등학교에 대한 어떠한 정보도 없었으나 파란 하늘, 헬리콥터 등이 그때 당시 전기 충격처럼 내 머릿속을 가로질렀다. 왠지 모르게 제복, 공군, 가슴이 팍 트이는 넓은 하늘이라는 단어들이 내 가슴에 설렘이 가득 들어차게 했다.

처음 공군기술고등학교 시험에 도전하겠다고 부모님께 말했을 때 두 분은 반대하셨다. 주위의 아무도 공군기술고등학교에 대해 들어보지도 못한 데다 당신들은 태백기계공업고등학교가 그 지역에서 가장 좋다고 생각하셨기 때문이었다. 아버지는 이미 좋은 학교에 합격했는데 무엇하러 사서 고생하냐며 만류하셨다.

중학교 3학년, 열여섯의 어린 나이였지만 설렘이 가져다준 확신으로 가득 찬 나는 도전해보고 싶다고 말을 했다. 2남 1녀 중 막내를 멀리 떨어뜨려놓기 싫어하셨던 부모님이었지만 내 강한 의지에 결국 고개를 끄덕여주셨다.

그렇게 태백기계공업고등학교 정밀기계과 학생의 삶에 브레이크가 걸리고 방향이 90도로 꺾였다. 우여곡절 끝에 나는 공군기술고등학교 시험에 합격해, 1978년 2월 대전으로 향했다. 혹독하리만큼 추운 시기, 1개월간의 가입교 생활을 수료하면 이제 나는 자랑스러운 공군기술고등학교 학생이 되는 것이다.

가슴이 이끄는 대로 달려가다

공군기술고등학교를 졸업하면 바로 공군 하사로 임관해서 직업군인으로 복무하게 된다. 이후 주임원사까지 진급하는 부사관과 해당 분야의 전문 관리를 주관하는 감독관 위치인 준위 계급의 과정을 밟는다. 부사관이나 감독관은 장교의 지휘 아래 부대의 일상적인 운영을 관리하거나 기술

분야에서 전문가로서 역할과 임무를 수행해나간다.

나는 하사가 되는 것에 특별한 불만은 없었다. 일찍 일을 시작해 안정적으로 돈을 벌면서 정비나 통신 등 항공의 한 분야에서 전문가가 되는 것도 나쁘지 않다고 여겼다. 하지만 학년이 올라가면서 조금씩 다른 것들이 보이기 시작했다. 그리고 졸업 후 당연히 주어지는 부사관이 되기보다는 좀 더 다른 도전을 하고 싶다는 열망이 꿈틀거렸다.

그 이유 중 하나가 내가 본 부사관 선배들은 조력자나 중간자 역할은 할 수 있으나 부대를 지휘하는 책임 지휘관은 될 수 없다는 것이었다. 그러면서 장병들을 지휘할 수 있는 장교의 모습에 빠져들기 시작했다. 아직 치기어린 10대의 눈에 리더로서의 장교 모습이 더 멋져 보인 것이다.

장교가 되려면 2년제인 2사관학교에 가거나 4년제인 공군사관학교에 가야 했다. 당시에는 2사관학교와 공군사관학교의 차이점을 크게 느끼지 못했다. 오히려 공군사관학교는 4년을 공부해야 하는데 2사관학교는 2년 만에 소위로 임관이 가능해 빨리 장교가 될 수 있다는 사실이 조금 더 강하게 와닿았다. 그런데다 그때 2사관학교는 대전의 교육사령부 내에서 우리 고등학교와 지척으로 마주하고 있었다. 고등학교 시절 우리 학교 출신 2사관학교 선배들이 가끔 모교에 와서 여러 이야기를 해주었는데 이는 내가 2사관학교를

선택하는 데 커다란 영향을 미쳤다. 선배들은 고교 교육과
정과는 다른 다양한 형태의 교육 내용을 접할 수 있고, 그것
을 기반으로 보다 넓은 시각을 가질 수 있다는 점을 알려주
었다. 특히 졸업 후 전투조종사가 되거나 일반 장교가 된다
는 이야기도 말해주었다.

열망에 충분한 연료가 부어졌다. 그렇게 나는 가슴이 시
키는 대로 더 앞으로 달려나갔다.

인생에서 무엇을 잡을 것인가

1983년 4월, 2사관학교를 졸업하고 소위로 임관한 나를
비롯한 동기들 모두는 군에 큰 도움이 되는 일을 해내겠다
는 열의에 가득 차 있었다. 하지만 초급 장교의 현실은 냉혹
했다. 일단 부대 내에서 가장 작은 일부터 담당해 자신의 역
할을 잘해내야 했기 때문이었다. 소위로 임관하면서 나는
보급특기를 받았고, 처음으로 보급대대 행정계장과 관리반
장 겸직을 맡았다. 한마디로 보급대대에서 일어나는 잡다한
행정 처리와 관리업무 등을 하는 것이다. 생각했던 장교의
삶과는 많이 달랐다. 왠지 장교가 아닌 회사원이 된 듯한 느
낌을 받았다.

교육사령부에서 개최하는 각종 경연대회 일도 주관해야
했는데 태권도 경연대회에는 병사들과 함께 선수로 참가했

고, 악보도 읽지 못하는데 군가 경연대회에서는 지휘자로 나서야 했다. 그래서 군악대 병사와 중학교 음악 선생님들에게 쫓아가 지휘법을 배우기도 했다. 경연대회는 이벤트성 일이라 단기간에 업무가 집중되는데 여기에 일상 행정업무까지 더해지니 눈코 뜰 새 없이 바쁜 나날을 보내야 했다. 하지만 바쁜 만큼 매일매일의 생활이 충만하지 않았다. 오히려 무언가 채워지지 않는 부족함을 느꼈다. 군인이라면, 장교라면, 병사들과 부대끼며 현장에서 국가를 위해 더 능동적으로 일해야 하는 것 아닌가 하는 생각이 커져만 갔다.

그러다 중위가 된 어느 날, 평일 당직사관 근무를 하던 차에 소령 계급의 지원대대장이 기지 통합 병사 식당에서 파리채를 들고 파리를 잡는 모습을 보았다. 순간 나의 미래 모습이 그려졌다. 물론 여러 가지 환경이 열악하므로 지휘관이 파리채를 잡을 수도 있다. 그 모습은 주어진 역할에 정성을 다하는 것일 수도 있다.

하지만 내 가슴은 좀 더 역동적인 일을 하라고, 좀 더 장병들 가까이에서 군 작전과 부대 지휘를 멋지게 하는 일을 찾아보라며 충동질해댔다.

안주할 것인가 새로운 도전을 찾아나설 것인가 고민하던 차에 공군 전투비행기지 내에 배치되어 있던 육군 방공포대가 공군으로 전군한다는 소문이 들려왔다. 보급특기 업무에 매너리즘을 느끼고 있던 차인데 주변에서 선후배, 부사관들이 새로운 분야에 대한 희망과 가능성을 이야기하니 내 마음은 심하게 동요되었다. 당시에는 비행기지 내 육군 방공포대가 어떤 역할을 하고 무슨 특기인지 사실 잘 몰랐다. 그러나 포대장이 지프차를 타고 부대 안팎에서 지휘 활동을 한다는 점에 호감을 가졌고, 현장에서는 직접 발칸이라는 대공포를 운영한다는 점에 강하게 끌렸다.

1988년 1월, 안전한 현재에 머무르라는 불안의 목소리를 잠재우고 앞에 다가온 도전의 문을 열어젖히기로 마음을 굳힌 나는 특기전환을 신청했다 신청자 열일곱 명에 헌병 기지방호 분야 다섯 명이 포함되어 스물두 명이 공군에서 최초로 방공포병 역할을 하는 1차 특기전환자가 되었다.

하늘에 보라매가 있다면 땅에는 방공포가 있다. 이제 나는 승인되지 않은 부적절한 비행체나 공중 공간을 위협하는 항공기를 격추하는 방공포대 지휘관이라는 새로운 길을 걷게 되었다.

지금 생각해봐도 이 세 변곡점은 내 삶이 크게 도약하도록 만들어준 순간이었다. 도약을 위해서는 아무리 두렵더라도 방향을 정하고 그 방향을 향해 크게 발을 내디뎌야 한다. 공군에서 나의 방향은 땅에서 하늘을 잇는 쪽이었다. 그때

고민만 하다가 내가 그 기회를 놓쳤다면 어떤 삶을 살았을
까? 물론 그 길도 열심히 걸었겠지만 지금의 나는 없을 것
이다.

자기 위치 파악하기

오랫동안 생각해왔는데 인간은 참으로 모순적인 존재 같다. 사람 때문에 상처받는데 또 사람 덕분에 용기를 얻는다. 자신을 가장 소중히 여기는 개인주의가 팽배하지만 남을 위해 헌신하면서 더 큰 자아실현을 이루기도 한다. 무엇보다 비교하지 않아야 행복하다는 것을 아는데 어떨 때는 비교하지 않으면 자신만 이렇게 힘든 상황을 겪는다며 좌절하기도 한다.

공군기술고등학교와 2사관학교에서의 생활은 분명 내 성장에 큰 밑거름이 되었다. 하지만 그때만큼 버텨내기 힘들었던 시절도 없었다. 아직 나이가 어렸기에 갑작스러운 환경 변화를 이겨내기에는 면역력이 너무 낮았기 때문이기도 했다. 그러나 이 경험을 통해 이후 나는 환경이 중요하지만 어떤 환경에 가더라도 나만 힘든 것이 아니며 무엇을 감내해야 할지를 명확히 인식한다면 환경에 굴복당하지 않을 수 있음을 알게 되었다. 무엇보다 이런 작은 마음가짐의 차이가 실패와 성공을 가른다는 사실을 깨달았다. 지금, 전역하고 나서 달라진 환경에 당황할 때도 나는 이런 철칙을 되뇌고는 한다.

옆에서 답을 찾다

1978년 2월, 나는 공군기술고등학교 10기생으로 가입교를 했다. 이제 갓 열일곱 살이 된 학생은, 공군기술고등학교에 들어가자마자 곧바로 정식 군사훈련을 받을 것이라고는 꿈에도 생각하지 못했다. 그저 체력 활동을 많이 한다고만 들었는데 첫날부터 군복과 전투화, 총기를 나누어주어 너무 놀랐고 어리벙벙했던 기억이 난다.

그날, 함께 입교한 350여 명의 신입생은 정신없이 내일부터 당장 해야 하는 훈련과 수업, 학교 생활수칙 등을 듣고는 출입문이 없어 군대 막사나 다름없는 12명이 함께 기거하는 내무실 자리를 각자 배정받았다. 취침 시간이 되자 다들 넋이라도 나간 듯 옆 사람과 대화도 제대로 나누지 못하고는 그대로 잠자리에 쓰러졌다. 곧이어 누군가가 훌쩍이는 소리가 들렸다. 그다음부터 여기저기서 한밤중까지 숨죽여 우는 소리가 이어졌다.

다음 날부터 우리는 군대에 입소한 신입 장병과 같은 생활을 해야 했다. 당시에는 훈련하다가 조금이라도 떠들거나 줄을 안 맞추면 어김없이 단체로 기합을 받았다. 첫 주말에는 바느질로 보급품에 이름을 직접 박아 넣었는데 대부분의 학생이 바느질을 해본 적이 없었기에 손가락을 찔려 피가 나기도 했다. 훈육관이 와서 바느질 검사를 했는데 바느질 땀 사이에 손가락을 넣어 들어가면 맞기도 했다.

급격한 환경 변화에 긴장하다 보니 훈련 중에 오줌을 누러 가고 싶어도 말을 못 하고 옷에 실례하는 아이들도 생겼다. 훈련 중 화장실에 가려면 보고를 해야 했는데, 보고 자체가 무섭고 두려웠던 것이다.

이런 환경에 적응하지 못하고 하루, 한 주가 지날 때마다 집으로 돌아가는 학생이 몇 명씩 나왔다. 나는 그들의 뒷모습을 보며 '어떻게 해서든 저기에 포함되지 않겠다'라고 다짐했다. 적응을 못해 되돌아온 아들의 처량한 모습을 부모님에게 보여드리고 싶지 않았다.

나 역시 구타를 당하던 순간에는 그만두고 싶다는 생각이 들었다. 하지만 내적 자존심이 강했던 나는 '남들이 하는데 나는 왜 못하냐'라는 심정으로 견뎌냈다. 그만두고 싶을 때마다 '어차피 주어진 상황이고, 재도 하는데 나도 할 수 있다'라고 각오를 다졌다. 그때 제일 작은 동기생의 키가 152센티미터 정도였는데 저렇게 작은 친구도 해내는데 내가 못 할 리 없다며 스스로를 다독였다.

지금도 나는 사람들에게 옆을 보면 답이 있다고 말한다. 내 옆에는 포기하는 사람도 있으나 더 많은 사람이 포기하지 않고 버티고 있다. 그들이라고 안 힘들겠는가? 그들도 나처럼 그 순간을 이겨내고 있었다.

포기하면 아무것도 할 수 없다

본격적인 공군기술고등학교 생활이 시작되면서 일반 고등학교 과목에 추가로 군사학 관련 과목과 항공기 비행 원리, 항공기기체정비, 항공기술영어, 정신교육 등을 배웠다. 1, 2학년 때는 공부할 시간이 충분히 주어지지 않았으나 3학년이 되면서부터는 개인적인 공부 시간을 확보할 수 있었다.

일반 고등학교처럼 시험을 보고 전교 석차도 나왔는데, 나는 학교생활을 충실히 하는 과정 중 하나가 공부라 생각했고 나름 열심히 해서 늘 성적이 상위 20퍼센트 안에는 들었다.

그러면서 졸업 후 당연히 밟게 되는 부사관 코스를 따라가기보다는 또 다른 도전이 하고 싶다는 욕망이 꿈틀거렸다. 장병들을 지휘하는 장교의 모습에 빠져든 것이다. 고등학교 선배 중 한 기수에 한두 명씩은 2사관학교에 갔는데 가끔 그 선배들이 학교에 와서 2사관학교 진학의 장점을 말해주곤 했기에 마음이 많이 흔들렸다.

"너희들은 이미 고등학교에서 3년 동안 군 생활을 해본 거나 마찬가지야. 2사관학교에 가면 쉽게 적응할 수 있어."

이런 말을 들어서 나는 2사관학교에 다니는 것을 쉽게 생각했던 것 같다. 하지만 막상 2사관학교에 들어가 보니 생각지도 못했던 장벽이 존재했다.

당시 2사관학교 동기생의 90퍼센트가 전문대 졸업생들이었고 나처럼 고등학교만 마치고 온 사람은 10퍼센트밖에 되지 않았다. 특히 공군기술고등학교 출신들은 3년간의 군 생활을 통해 전반적으로 훈련을 잘 받고 내무생활도 잘하고 성적 역시 좋았기에 공군기술고등학교 출신에 대한 오해의 분위기도 일부 있었다. 무엇이든 잘하고, 잘해야 한다는 분위기 말이다. 이러한 차이로 인해 기합을 받아도 더 강하게 받으며, 더 완벽한 모습을 요구받기도 했다.

그런 것을 전혀 모르고 들어갔기에 특히 첫 1년은 유독 나에게만 다르게 대하는 분위기를 느끼면서 많이 당황하고 힘들어했다. 하지만 그조차도 내가 극복해야 할 편견에 불과하다고 생각했다. 어려움이 있을 때마다 나는 도전의 각오를 다졌다.

'주변 환경보다 더 중요한 것은 나 자신이다. 내가 주저앉

아 버리면 아무것도 할 수 없다.'

지금도 공군기술고등학교나 2사관학교 시절을 돌아볼 때마다, 주어진 고난에 포기하거나 물러서지 않고 맞서려 노력한 나 자신을 칭찬하고 싶다.

때로는 돌아가는 것도 괜찮다

2사관학교는 2년 만에 장교를 양성해야 했기에 공군사관학교 과정에서 핵심만 빼 압축시킨 커리큘럼을 가르쳤다. 일반 학문이나 교양 강의는 적었고, 있어도 제한적으로만 이루어졌다. 특히 2사관학교의 1차 설립 목적이 공군사관학교에서 충분히 배출하지 못하는 전투 조종사의 양성이었기에 비행훈련을 통해 조종에 적성을 보이는 생도들은 조종사 코스를 밟도록 했다.

하지만 나는 2사관학교에서 가장 직선으로 뻗어 있는 조종사가 되는 진로를 선택하지 못했다. 당시 비행 사고가 적지 않게 일어나 부모님이 비행기만은 타지 말라고 극구 반대를 했기 때문이었다. 부모님의 반대를 꺾고 공군기술고등학교에 입학하고 2사관학교까지 왔기에 이 부탁만은 차마 거절하기가 어려웠다.

그런데 2사관학교의 설립 목적에 따라 고의로 비행을 기피하는 생도는 당연히 퇴교를 당했다. 그러니 의도적으로 보이지 않으면서 비행을 못 하는 것처럼 꾸며야 했는데, 이게 정말 어려운 일이었다. 어느 날 비행 교육 중 나는 공중에서 180도 회전을 해야 하는데 270도를 선회하였다. 교관은 황당해하는 눈길로 나를 응시했고, 이와 유사한 행위의 반복으로 그로부터 얼마 뒤 나는 비행 교육에서 탈락했다.

이후 나는 누군가가 왜 조종사가 안 되었냐고 물어보면 그냥 비행이 적성에 맞지 않았다고 둘러댔다. 사실 조종사가 되고 싶은 마음이 아예 없었던 것은 아니었고 되고자 했다면 될 수도 있었을 것이라 생각한다. 하지만 그때는 부모님의 뜻을 거역하는 것이 큰 잘못을 저지르는 것만 같아 꿈을 접어야만 했다.

비행 교육에서 탈락한 뒤 2학년 때 동기생들이 적극적으로 권유해주어 군수참모가 되었다. 보통 친화력이 좋거나 조직 리더십이 있는 사람이 참모 역할을 한다. 그 인연으로 이후 장교 임관 시 자연스럽게 나는 여러 특기 중 보급특기를 선택했다.

가끔 내가 조종사 교육을 적극적으로 받았다면 이후 어떤 삶을 살았을까 궁금해하기도 했다. 하지만 그러면 지금 내 삶 그 자체가 된 방공포병 장교로서 겪은 수많은 소중한 경험을 놓쳤을 것이다. 그런 생각을 하면 때로는 직선의 길이 아니라 돌아가는 길도 괜찮다며 고개를 끄덕이게 된다.

힘들 때마다 나를 일으켜 세우는 힘

군대 생활을 하면서 때론 하루에도 몇 번씩 후회하기도 했으며, 어떨 때는 그래도 애 셋을 둔 아버지인데 이게 뭐하는 짓인가 싶은 경우도 맞닥뜨리곤 했다. 내 마음을 흔들어 놓는 일이 생길 때마다 세상은 공평한 듯 불공평하다는 생각을 많이 했다.

그렇게 내가 처한 현실에서 불평이나 불만, 후회가 들 때마다 나는 내 현실과 주변의 현실을 비교하면서 나보다 어려운 사람을 생각하려고 노력했다. 군인이 힘들다고 하지만 소방관이나 경찰처럼 매일 위험한 현장에서 일하는 사람들도 있다. 또한 나는 공군 장교인데 항공기 정비부사관, 전방에 있는 육군, 차디찬 바다의 해군은 훨씬 더 힘든 삶을 살고 있지 않은가.

내가 새벽 5시에 나가야 해 짜증이 날 때, 미화원이나 시내버스 기사들은 그보다 더 일찍 나와 더 늦게까지 일한다. 그런 것을 생각하면 감사함을 느끼게 된다.

포대장으로 근무할 때, 포대는 비행기지보다 훨씬 더 생활하기 힘든 환경이었지만 나와 부대원들의 마음가짐에 따라 즐거울 수도 있다는 것을 알았다. 여건이 힘들더라도 우리가 노력했고 그것을 만족스럽게 여기면 함께 웃을 수 있었다. 자꾸 남 탓만 해서는 좋아질 것이 없었다.

나중에 사령관이 되었을 때도 결코 쉽지 않았다. 그러나 가장 가까운 곳에 비교하기 좋은 대상이 있었다. 바로 나의 직속상관인 작전사령관이다. 화가 날 때마다 작전사령관을 생각하면 마음이 풀렸다. 국방부나 합참 회의를 가면 다른 사람은 다 편하게 앉아 있어도 작전사령관은 공군의 모든 작전 분야를 총괄해야 하기에 언제나 긴장 상태였다. 작전사령관보다는 내가 편안하고 여유 있는 삶을 살고 있구나 생각하면 그게 또 작은 행복이 되었다.

또 하나 나를 지탱해주는 힘은 부하들의 열정과 관심이다. 회의를 주관하면 모든 참모가 열심히 내 말에 귀를 기울여준다. 잠깐 바라보는 눈빛에서도 나를 보고 내 말을 듣기 위해 집중한다는 걸 느낀다. 수천 명이 내 지시사항에 대해서 '그래도 지시사항이니 해야 하나'라는 생각이라도 해준다는 것이 나에게 굉장히 큰 에너지를 주었다. 이래서 리더십의 첫 출발이 듣는 것에서부터 시작된다고 하였는지도 모르겠다고 새삼 생각했다.

출신과 출발:
자신만의 색깔대로 살기

내 인생의 여러 숫자를 들여다보면서 내가 정말 공군 내에서 줄곧 비주류에 속해 있었음을 확실히 알았다.

가장 먼저 나는 중학교 때까지 태백시에서 살았는데 그 지역 중학교에서 당시 공군기술고등학교에 들어간 첫 번째이자 유일한 학생이었다. 2사관학교 때도 마찬가지였다. 그때 2사관학교 생도 구성은 전문대 출신이 90퍼센트이고 고등학교 출신이 10퍼센트였다. 그중에서도 공군기술고등학교 출신은 선배, 동기들의 관점에서 일반 생도와 다른 부분이 있었기에 긍정적이든 부정적이든 차별화되었다.

임관하고도 상황은 달라지지 않았다. 공군 장교가 되는 길은 여러 가지인데 공군사관학교를 졸업하거나 공군 학군사관후보생(ROTC) 또는 공군 학사장교 그리고 2사관학교를 졸업하는 방법 등이 있다. 그런데 2사관학교는 졸업생 수가 많지 않았고 더군다나 7기생까지밖에 운영되지 않아 전체 공군에서 절대 수가 적어 그야말로 마이너 중의 마이

너었다.

여기에 1991년 방공포병이 육군에서 공군으로 전군되면서 방공포병부대에는 육군사관학교, 3사관학교, 육군 학군사관후보생, 육군 학사장교 등 다양한 출신까지 더해졌다. 그때 육군에서 전군한 병력이 대략 1만여 명 이상이었는데 여기에 기존 공군 출신 장교는 스물두 명만 소속이 되었다. 이 스물두 명이 공군본부, 사령부, 1여단, 2여단, 3여단으로 뿔뿔이 흩어져 근무를 하다 보니 몇백 명이나 되는 부대 인원 중에 기존 공군 출신 장교는 나 혼자이거나 한두 명뿐인 경우가 허다했다.

군 생활 내내 개인적으로는 2사관학교 출신이라는 것, 조직적으로는 육군에서 전군된 방공포병에서도 그야말로 극소수인 공군2사관학교 출신이라는 것 때문에 여러 가지 마음의 상처와 고충을 겪기도 하였다.

특히 전군 시기는 변화가 많고 혼란스러웠기에 출신을 빗대어 만들어진 말이나 유머도 많았다. 가장 기억에 남는 것이 '오공'과 '육공'이다. 오리지널 공군은 '오공'으로, 육군 출신 공군은 '육공'이라 부르며 출신을 나누기도 했다.

'방공포병이 처음부터 공군에 있었다면 또 부서장이나 함께 일하는 사람 중에 학교 선후배가 많았다면 심리적으로는 좀 더 안정적인 군 생활이 되지 않았을까?' 이런 생각을 종종 할 수밖에 없었다.

보이지 않는 벽 앞에 서다

2사관학교에 진학할 때까지만 해도 2년 만에 소위가 될 수 있어 공군사관학교보다 유리하다고 여겼다. 실제로 내가 중위가 되었을 때, 공군사관학교에 진학한 고등학교 동기는 그제야 졸업하고 소위 임관 교육을 받으러 왔다.

그러나 소령 때 같은 해 임관하여 동기라고 생각했던 공군사관학교 동기들이 먼저 진급하는 것을 보고 그제서야 출신의 다른 점을 인식했다. 또 대령 진급을 앞둔 순간에는 이를 더 현실적으로 느낄 수밖에 없었다.

2사관학교 출신이다 보니 중령 진급을 바라본다고 해도 딱히 적정 진급 기수가 있는 것이 아니어서 내 차례인지 가늠하기도 어려웠다. 하지만 소령이 된 지도 7년이나 지난 1999년도에는 나도 이번 해에는 대상자이지 않을까 내심 기대하고 있었다.

하루는 공군본부 기획관리참모부의 선배께 업무협조를 위해 찾아갔다. 그런데 그분이 갑자기 책상 고무판 아래에서 진급을 앞둔 장교들이 선배들에게 돌린 자기소개서 비슷한 서류를 보여주면서 한마디 하는 게 아닌가.

"너는 업무만 열심히 해가지고 되겠냐?"

'이런 것도 안 돌리면 2사관학교 출신인 너를 누가 알아줄 것 같으냐'라는 뜻이었다. 나름 조언이라고 해준 말이지만 며칠 동안 속이 많이 상했다. 그때 같은 부서의 선임장교에게 이 이야기를 드렸더니 "김진홍, 너는 네 색깔대로 살아라. 지금까지 하던 모습 그대로 해라"라며 조언을 해주셔서 큰 위안을 얻었다.

사실 '제가 이번에 진급 대상자이니 많이 도와주십시오'하고 부탁을 드릴 상대도 별로 없었다. 내가 도덕적으로 깨끗하고 청렴결백해서가 아니라 방공포병 장교 선배들은 대부분 육군에서 전군되어 육군사관학교나 3사관학교 출신이니 한마디로 비빌 언덕 자체가 없었던 것이다.

결국 다른 사람에게 의지하기보다 내 능력껏 할 수 있는 만큼 노력하고 결과를 인정하자는 쪽으로 마음을 추슬렀다. 그래서 예전처럼 내게 주어진 역할에 최선을 다했다. 남들이 자고 있을 새벽에 출근해 밤늦은 시간까지 내 업무에 더욱 정성을 다하고, 휴일 출근도 마다하지 않았다. 때로는 오랫동안 아이들이 깨어 있는 얼굴조차 제대로 보지 못했다. 하지만 결재문서를 과장님 책상에 올려놓을 때 (2사관학교 출신이라서) '이것밖에 못 하냐' 같은 말은 듣고 싶지 않았다.

그러한 노력이 인정되어 진급하면 감사한 일이고, 결국 출신으로 막혀 국가나 조직으로부터 '너는 여기까지밖에 안 되겠다’라는 답을 듣는다면 그것조차 깨끗이 인정하기로 했다. 누구에게 따질 수도 없는 문제 아닌가?

그때 아내하고 많은 이야기를 나누었는데 아내도 현실의 벽을 이해하고 내 말에 온전히 동의해주었다. 그러면서 나는 다짐했다.

‘빨리 현실을 받아들이자. 여기서 진급을 못 하면 조국, 국가라는 틀에서 기여할 부분이 지금의 모습까지이니 인정하고 제대하자.’

그러던 와중에 한번은 부서 선임장교와 업무상 심한 의견 차이가 나 논쟁을 벌이는 일이 벌어졌고 군대 생활 중 처음이자 마지막으로 사무실 자리를 박차고 나오는 일이 생겼다. 막상 뛰쳐나오고 보니 갈 곳이 없어 주차장 한구석에 있던 차 안에서 혼자만의 시간을 보내다가 집으로 들어갔다. 내 모습을 보고 무슨 일이 있느냐는 듯 표정으로 묻는 아내에게 불평을 털어놓으니 아내는 한동안 묵묵히 듣고 있었다. 그러다 “당신이 부적절하다고 생각하는 것이 있다면 당당하게 진급해서 그런 모습들을 바꾸어 가면 된다”라는 인정과 위로의 말을 건네는 것이 아닌가. 그 말에 나는 생각을 바꾸어 다시금 사무실로 향했다.

가장 가까운 사람인 아내가 이렇게 내 현실을 인정해주고 공감해주었기에 큰 힘을 얻어 가로막힌 벽을 뚫고 헤쳐 나아갈 수 있었다.

그리고 그해 9월, 중령 진급 명령을 받았다. 만일 공군본부의 그 선배 말에 현혹되어서 자기소개서를 돌리며 나를 알리려 노력하였다면 부끄러울 뻔했다.

정규 진급으로 장군이 되다

이런 게 '노력이 응답을 받은 관운'이겠구나 하는 생각이 드는데, 공군본부 방공포병 과장 2년 차에 너무나 감사하게도 장군 진급을 했다. 그때 진급 주력 기수는 공사 30~32기였기에 나는 장군 진급 대상자인 줄도 미처 몰랐다. 오히려 방공포병사령부 작전통제부장으로 있을 때 공사 32~33기들과 함께 대령 진급을 한 지 2년밖에 안 되었기 때문에 명함을 내밀 생각조차 하지 못했다. 그런데 당시 방공포병에는 31기가 없었다. 결국 32기와 같은 나를 진급시키느냐 아니냐를 놓고 갑론을박이 있었다고 하는데 나는 전혀 몰랐다.

주변에서는 8월, 9월이 가까워지자 "진급할 때 아니십니까? 긴장 안 되십니까?" 이런 농담을 던지기도 했지만 별로 신경 쓰지 않았다. 누구나 진급하고 싶어 하고 나 역시 마찬가지였지만 지금은 때가 아닌데 애써 고민하고 상처받기 싫었다.

그러다가 장군 진급자가 발표되기 며칠 전 휴일 날, 아내
와 마트에서 돌아오는 길에 핸드폰이 울렸다.

"여보세요?"

"아, 여기 청와대입니다. 김진홍 대령 맞습니까?"

청와대라는 소리에 깜짝 놀랐다. '청와대에서 왜 나에게
전화를 했지'라는 생각이 스치는 순간 장군 진급자 인사 검
증을 위해 확인차 온 전화라는 것을 직감할 수 있었다. 우리
부부는 뜻밖의 전화에 당황할 수밖에 없었다.

이후 발표 날까지 품었던 기대감과 초조함이 지금도 선
명하게 기억난다. 누구에게 말하지도 못하면서 하루에도 몇
번씩 '내가 진짜 장군 진급 대상자인가', '과연 명단에 오른
것인가', '아냐, 검증 전화만 온 것뿐인데…' 이런 생각이 오
갔던 것 같다.

마침내 장군 진급 발표 날이 밝았다. 두근거리는 마음으
로 출근 준비를 하는데 그 이른 아침부터 주변 사람이 내 이
름이 장군 진급자 명단에 있다는 것을 먼저 알려왔다. 그 후
축하 전화가 계속 이어졌다. 전화를 받으면서 짧은 순간 많
은 생각이 오갔다. 무엇보다 장군 진급을 했다는 현실 앞에
서 벅차오르는 감정을 주체하기가 어려웠다. 그 순간 아내
와 아이들, 그리고 형제들은 물론 도움을 주신 많은 분이 떠
올랐다. 권 장군님, 이 장군님, 2사관학교와 공군항공과학고

등학교(전 공군기술고등학교) 동기들과 선후배가 스쳐 지나갔다.

출근해서는 곧바로 당시 공군본부 정보작전부장이던 이 장군님께 함께 진급한 조종 분야 대령들과 같이 찾아갔다. 그때 이 장군님은 나에게 이런 말씀을 해주셨다.

"지난 시간 같이 일하면서 지켜봤는데, 자네는 진급할 충분한 자격을 갖추었네. 그래서 공군과 군 전체, 나아가 국가가 자네를 인정하고 필요로 하여 진급시킨 것이라 생각하네. 그동안 2사 출신으로 여기까지 오느라 어려움이나 고충이 더 많았을 수 있었겠지. 하지만 자네가 다 극복하고 이 자리에 왔으니 그것들은 모두 다 잊고 이제부터 무엇을 어떻게 더 잘해나갈지만 생각하기 바라네. 누군가에게 특별히 고마워할 것도, 미안해할 것도 없다는 말이네."

나중에 알고 보니 이 장군님께서 나에 대해 주변에 좋은 말을 많이 해주었다고 한다.

준장 진급이 공식적으로 발표되자 공군항공과학고등학교는 물론 2사관학교 동문회에서 많은 축하를 받았다. 2사관학교 동문회는 공군이 2사관학교 출신을 인정해준 것에 감사해했다. 2사관학교 동문에게도 나의 장군 진급은 의미 있는 일이었다.

또 많은 분이 정규 진급인지, 아니면 일정 기간 후 전역해야 하는 임기제 진급인지를 물어오기도 했다.

“정규 진급입니다.”

주변 사람들은 내 대답에 다들 놀라워했다.

가족들은 집에서 나의 장군 진급 축하 파티를 열어주었다. 아내와 아이들과 함께 케이크의 촛불을 끄는데 그동안 무려 24차례(사령관 전역 때까지 하면 27차례)나 이사를 다니며 나만큼 고생한 가족들에게 고마운 마음이 솟아나 울컥 눈물이 났다. 지금 우리 집 거실 장식장에는 그때의 느낌을 나누었던 글귀가 새겨진 감사패가 여전히 놓여 있다.

미래를 여는 열쇠

공군기술고등학교를 졸업하고 바로 2사관학교에 진학한 나에게 학벌은 작은 콤플렉스였다. 2사관학교가 2년제여서 정식 학사학위를 받을 수 없었기 때문이다. 이로 인해 보이지 않는 편견에 때로는 힘들어하기도 했는데 그때마다 내색하지는 않았으나 자존심이 상하고 무엇인가 채워지지 않는 허전함을 떨칠 수가 없었다.

나는 나에게 주어진 상황을 거부하지 않고 있는 그대로 받아들이며 노력하는 유형의 사람이다. 2사관학교 출신이지만 그리 뒤떨어지는 사람은 아니라는 것을 보여주기 위해 내 업무를 더 열심히, 내가 할 수 있는 모든 정성을 다해서 해냈다. 2사관학교 출신이라는 편견과 현실을 놓고 아쉽고 안타까운 마음으로만 지낼 수 없었기에 틈틈이 부족한 공부도 병행했다.

더군다나 방공포병 전군 시 특기를 변경했기에 방공포병 부대에 대해 잘 모르는 것도, 여러 차례 공군본부 정책부서에 있다 보니 무기 체계 운영에 대한 실무지식이 부족하다는 것도 약점이라면 약점이었다. 약점을 느낄 때마다 내가 할 수 있는 것은 오직 공부뿐이었다.

공부를 하면 내가 하는 업무를 잘 파악할 수 있을 뿐만 아니라 나와 담장 너머 넓은 세상이 어떻게 연결되어 있고, 또 미래를 위해서는 어떤 준비가 필요한지 구체적으로 탐색이 가능해진다. 지식은 우리가 더 나은 선택을 하도록 도우며, 지식이 없다면 그 어느 곳에서도 당당할 수 없다. 그때나 지금이나 내가 끊임없이 공부하는 것은 더 넓은 세상을 보고 더 나은 선택을 할 수 있도록 본능적으로 하는 실천이다.

나이나 계급을 따지지 않고 배우다

2사관학교를 졸업하고 소위로 임관해서 근무하면서 학사학위를 받아야겠다는 생각이 점점 더 강해졌다. 그래서 당장 방송통신대학교에 입학했다. 리더십, 인사관리에 흥미가 있었기에 전공은 경영학을 선택했다.

하지만 이 방송통신대학교를 졸업하는 데는 무려 11년이라는 기간이 걸렸다. 소위, 중위 때는 초임이어서 일이 서툰데다 교육사령부 기지전대 보급대대에서 일어나는 잡다한 행정 처리를 도맡아 했기에 업무량이 많아 여유가 없었다.

대위 때는 특기변경으로 인한 고육, 포대장 업무 적응, 결혼 등으로 인해 공부에 집중할 여건이 되지 않았다. 결국 무등산 포대장 소령 때 겨우 학사학위를 받았는데 당시 오랜 기간 마음에 담아왔던 숙원이 이루어져 후련하면서도 마음 한 켠으로 뿌듯함이 차올랐다.

1995년 4월 무등산 포대장을 마치고 보임 받아 간 곳은 공군본부 방공포병과였다. 무기발전계획 담당이라는 보직을 맡았는데, 방공포병 분야에서 향후 몇 년도에 어떤 무기를 도입할지를 계획하여 그 소요(所要)를 반영하는 업무가 중심이었다. 작전부대에만 있었기에 유도무기를 운용하는 것만 알았지 소요와 획득 업무는 전혀 경험이 없었다. 그래서인지 처음 접해보는 업무는 정말 고민스러웠고, 황당하기까지 했다.

더군다나 무기 관련 용어가 모두 원어로 되어 있고 약자도 많아 공부를 하지 않으면 살아남는 것은 물론 존재 가치가 없어지기 때문에 끊임없이 공부하는 나날이 이어졌다.

공군본부에서 근무하다 MCD(선임미사일통제관) 보직을 받았을 때도 마찬가지였다. 이전까지 나는 대한민국 방공식별구역(KADIZ) 내에서 모든 항공기의 활동을 감시하고 적 혹은 미식별 항공기나 비행체에 대해 방공전투부대의 무기 사격을 통제하는 MCRC(중앙방공통제소) 근무를 해본 적이 없기에 생소한 것이 너무 많았다. 결국 MCRC 경험이 많은 대위에게 부탁해 직무와 관련하여 관련 규정과 작전절차 등에 대해 개인교습을 받았다.

당시 나는 모르는 것이 있으면 나이나 지위 고하를 막론하고 아는 사람을 찾아서 무조건 배워야 한다고 생각했기에 대위에게 배움을 청하는 것이 하나도 부끄럽지 않았다.

배우다 보니 이런 내용까지 있나 할 정도로 공부할 요소가 많았다. 이 시기에 방공포병 작전에 대해서 폭넓게 이해할 수 있었다. 항공작전, 항공관제, 방공통제, 공군구성군사령부(ACC) 작전 및 교전 절차, 예규 등에 대해 배웠고 이로 인해 좀 더 높은 곳에서 보다 넓게 바라보는 시야를 갖게 되었다.

그런데 아뿔사, 학사학위만 받으면 끝날 줄 알았는데 다른 장교들을 보니 대부분 석사학위를 받았거나 대학원을 다니고 있는 것이 아닌가. '공부는 끝이 없구나'라는 것을 새삼 깨달았다.

생각만으로는 아무것도 할 수 없다

중령 시절, 세 번째로 공군본부 근무를 하게 되었다. 그때 같은 부서에 자기 분야에 정통할 뿐만 아니라 매사에 열심이었던 후배가 있었다. 어느 날 이야기를 나누다 보니 그 후배가 대학교 석사과정을 2개나 이수하고 있는 것이 아닌가.

이렇게 바쁜 부서에서 일하는데 시간을 내어 자기 공부까지 하고 있다니!

나도 나름 열심히 산다고 생각했는데 충격이었다. 그래서 감탄하면서 어떻게 그게 가능하냐고 물었다. "선배님, 생각만 하면 못 하고, 일단 저질러야 합니다"라고 후배가 답했다. 그 순간 나도 도전해봐야겠다는 결심이 섰다.

그해 한남대학교 경영학과 야간 대학원에 등록했다. 사실 업무량이 만만치 않았기에 공부에 많은 시간을 투자하기는 어려웠다. 틈틈이 공부했고, 일이 너무 많아 눈치가 보이면 수업에도 가지 못하는 경우가 가끔씩 발생했다.

결국 공군본부에서 석사과정을 마무리하지 못하고 서울에 있는 3여단으로 전속이 되어 정보작전처장으로 근무하면서 근근이 공부를 이어갔다. 출석을 많이 할 수 없어 레포트로 대신해가면서 간신히 졸업했다.

남들은 모르겠지만 내게 있어 석사학위는 남다른 의미를 갖는다. 강원도 태백의 촌놈이 우여곡절을 겪으며 석사학위까지 받은 것이 스스로도 너무 기특했다. 그래서 그런지 졸업식은 꼭 가야겠다는 생각이 들었다. 다행히 당시 여단장님이 흔쾌히 다녀오라고 허락해주었다. 여단 주요 참모이기에 오전 10시에 갔다가 오후 3시까지 부대로 돌아와야 했으나 그것만으로도 너무 감사했다.

비록 일하며 공부하는 것이 쉽지 않았으나 대학원 과정을 마치면서 많은 것을 깨달았다. 대학원 공부는 단지 학위를 받는 것으로 끝나는 것이 아니라 업무와 연계시킬 수 있었기 때문이었다. 그러니 보다 나은 지식과 경험으로 조직과 사회의 리더를 꿈꾸는 사람이라면 공부는 끝이 없다는 것을 인정하고, 삶이 끝나는 그 순간까지 공부를 계속해야 함을 꼭 기억하였으면 한다.

끝내 박사 공부까지 해내다

사람의 욕심은 끝이 없는 것일까. 석사가 되고 나니 이제 '석사는 기본이지'라는 생각이 들었다. 박사에 대한 미련이 생겼다. 하지만 진급을 할수록 학위를 취득하기 위한 시간을 내기가 더 어려워졌기에 쉽게 도전할 용기를 내지 못했다. 그런데 장군 진급 예고 명령을 받고 2010년 12월에 2여단장으로 보임을 받았는데 마침 2여단본부 인근에 남서울대학교가 있는 것이 아닌가.

지역 기관장으로서 남서울대학교 총장께 보임 인사를 하는 과정에서 그분이 박사학위 취득을 적극 권해주었다. 더군다나 학교가 부대에서 비상상황 발생 시 소집에 응할 수 있는 최소소요 거리 이내에 위치해 안심이 되었다. 운명이라는 생각에 큰마음을 먹고 도전하기로 결정했다.

석사 때도 그랬지만 박사 공부를 하건서 박사학위를 가진 사람들을 다시 보게 되었다. '박사는 이래서 박사구나'라는 생각이 들었다.

하지만 호기롭게 등록을 한 이듬해 3여단으로 보직이 조정되었다. 2여단과 달리 3여단은 전방 전투부대이기에 근무나 비상대기 상황이 많이 달랐다. 북한 내 정세 변화에 따른 군내 대비태세유지 차원에서 전투부괘 지휘관의 부대 내 대기 지침으로 수업 참여가 현실적으로 불가능했다. 분명한 것은 나의 학업이 현재 나의 주 업무인 군 전투부대 지휘관으로서의 역할에 우선할 수는 없다는 것이었다.

결국 인생 처음으로 F학점을 받았다.

어쩔 수 없는 상황으로 인한 일이었고 받아들일 수밖에 없었기에 중간에 포기하려는 생각도 했으나, 이를 계기로 더 심기일전하여 포기하지 않고 최대한 공부를 이어갔다. 그로부터 5년 후, 나는 결코 쉽지 않은 여건을 이겨내고 학점 이수와 논문 작성을 완료해 그렇게도 바라던 박사학위를 취득했다.

지금도 나는 자기계발의 중요성을 모든 사람에게 강조한다. 때론 현실의 벽을 자기 자신이 만들 수도 있다. 격오지

에 있고 주변에 다닐 만한 학교가 없다는 이유로 미루려고
만 하지 말고 일단 저질러야 한다. 주중이 어렵다면 주말에
할 수 있는 것을 찾아봐도 좋고, 그것도 어렵다면 사이버 학
습 활용을 권하고 싶다.

나는 2015년, 공군방공유도탄사령관으로 근무 시 병사의
자기계발 4단계 프로그램인 '병영 성공 스토리 만들기'를 시
작했다. 병사 간 소통 부족과 복무 스트레스, 사회와의 단절
이 병영 내 사건사고의 주요 원인이라 분석하고 일과 이후
자기계발 여건을 마련해줘 복무 의욕을 높이려 한 것이다.
이를 통해 많은 병사가 자격증을 따면서 부대 분위기가 좋
아지고 사기가 높아졌다.

이를 통해 내가 가장 관심을 갖고 중점을 두었던 '부대 관
리는 사람 관리'라는 관점을 바탕으로 군인이기 이전에 사
람과 사람끼리 이해하고 공감하게 하여 서로 이어주려는
김진홍만의 '잇다 리더십'의 원칙을 세워갔다.

워렌 버핏(Warren Buffett)은 '가장 좋은 투자는 자기 자
신에게 하는 투자'라고 했다. 배우는 것은 아무도 빼앗을 수
없기 때문이다. 또 모르는 것을 알아가는 즐거움을 알면 공
부하는 것 자체가 재미있어진다.

무엇이든 하지 않는 것보다는 하는 것이 훨씬 낫다. 나 역
시 박사학위 취득 이후에 군대를 전역할 즈음 또다시 군경

상담학과로 서울사이버대학교를 다니는 대학생이 되었다.
문이 보이지 않는다고 주저앉지 말고 새로운 문을 찾고 만
들어나가면 분명 또 다른 세계가 펼쳐진다.

아는 만큼 보인다:

패러독스 리더십

나는 2016년 12월, 방공포병으로서 도달할 수 있는 최고 위치인 공군방공유도탄사령관으로 군대에서 전역했다. 전역 한 달 전, 한 신문사(《이데일리》 11월)와 인터뷰를 했는데 기사 나온 것을 읽어보고 나를 덕장(德將)이라고 칭해주었음을 알았다. 덕장이라니, 과분한 칭찬이라고 생각한다.

하지만 공군 방공유도탄 부대의 살아 있는 역사라고 언급한 부분에서는 새삼 '정말 그렇네' 하며 고개를 끄덕였다. 육군 방공포병사령부가 1991년 공군으로 전군하기 전인 1988년부터 공군 내 1차 방공포병이었기 때문이다. 나는 그때 공군 방공포병으로 특기전환을 신청한 열일곱 명의 장교 중 한 명으로, 전군 작업을 주도한 1세대 인원이었다. 덕분에 공군 방공유도탄의 주력 미사일이 나이키, 호크에서 다시 패트리어트와 천궁으로 발전하는 모습을 최일선에서 지켜보며 방공포 분야의 전문가가 되어갔다.

하지만 어느 분야이든 앞에 선 자는 여러 가지 힘든 상황에 부딪혀야 한다. 오랜 시간 육군에 소속되어 있던 부대가 한순간에 공군으로 그대로 흡수·통합되어야 하는 과정에서 필연적으로 여러 갈등과 문제가 일어날 수밖에 없었다. 더군다나 유도무기체계는 표적탐지, 추적, 사격통제, 발사 시스템이 하나가 되어야 한다. 이 중 어느 한 부분이라도 제 기능을 발휘하지 못하면 미사일을 발사할 수 없기에 장비를 운용하고 작전을 수행하는 부대원들과 단합하고 의사소통을 제대로 하는 것이 매우 중요했다.

그러나 초기에는 너무나도 다른 육군 용어, 업무 방식, 육군 특유의 문화로 인해 가끔씩 부하 병사, 부사관들과 소통의 부재와 갈등이 이어졌다. 이때부터 '부대 관리가 곧 사람 관리가 아닐까' 관심을 갖게 되었고, 이후 사람들의 생각을 알고 부대를 제대로 지휘하기 위해 반드시 필요한 조직과 인성 리더십 연구에 많은 시간을 할애했다.

변혁적 리더십, 상황적 리더십에서 서번트 리더십까지 유형과 특징을 공부하며 나의 리더십, 군대 내 부대와 사람 관리에 필요한 최적의 리더십을 찾으려고 노력했다.

어떤 지휘관이 되고 싶은가

전군 초창기에 방공포병부대와 함께 육군에서 넘어온 문

화 중 기존 공군에서는 없던 게 있다. 그 중 하나가 당직사관 근무 시 《손자병법》에서 우리 부대 특성을 연상할 수 있는 시의적절한 문구를 매일 하나씩 찾아 의미 분석을 해 다음 날 아침 상황보고 시간에, 30~40명 되는 참모 및 간부들 앞에서 발표하는 것이었다. 지금은 인터넷, 스마트폰으로 관련 자료를 쉽게 찾을 수 있지만 그때는 책도 변변한 게 없어서 원문을 보면서 일일이 해석을 했다. 또한 합판으로 만든 보드판에 직접 구리스펜으로 쓰고 지우고를 반복하며 정리해야 했기에 때로는 밤을 꼬박 지새기도 했다. 이런 고생을 해서인지 《손자병법》의 내용이 오랫동안 기억에 남았고 이후 자주 인용하게 되었다.

그중 하나가 바로 용장(勇將), 지장(智將), 덕장의 내용이다. 용장은 말 그대로 용감한 장수, 지장은 지혜가 뛰어난 장수, 덕장은 덕으로 부하를 이끄는 장수이다. 용장은 지장을 이기지 못하고 지장은 덕장을 이기지 못한다는 말이 있지만 각각의 장수마다 특장점이 있기에 어떤 장수가 더 뛰어나거나 좋다고 할 수는 없다.

아니, 내 생각에 현대 사회에서는 이 세 장수의 자질이 어느 정도 다 필요하다. 지휘관이라면 때로는 용감하게 앞장서야 하며, 때로는 지혜롭게 전략을 짤 수 있어야 하고, 또 인품으로 부하들을 감복시켜 이끌어야 한다.

사실 나는 운과 복이 많다는 운장(運將)이나 복장(福將)이 되고 싶었으나 그건 하늘의 선택을 받아야 한다. 그래서 용장, 지장, 덕장의 개념을 가슴에 품고 공군 출신으로서 육군 전군 인원들과 함께하며 군 문화 이해나 업무 기량적 측면에서 뒤지지 않겠다며 상상 이상의 노력과 열정을 쏟았다. 업무 외적으로 축구, 족구, 배드민턴, 야구 경기를 수시로 함께하며 팀워크를 다졌고, 부대 단합 회식 등에도 뒤로 빼지 않고 적극적으로 참여하였다. 또 바쁜 지휘관 활동 속에서도 대학원에 진학해 효율적인 조직 관리를 위한 경영과 리더십 연구를 병행했다. 이렇게 공적·사적 시간을 투자해 소속 부하 장병들과 적극적인 공감을 이뤄내고 소통을 하려고 부단히도 노력했다.

리더십의 롤모델을 정하다

세종대왕, 이순신, 징기스칸, 정주영 현대그룹 회장, 카네기, 축구 감독 히딩크 등 어려움을 이겨내고 사회나 국가에 훌륭한 공헌을 한 수많은 리더십 롤모델이 존재한다. 모두 훌륭하지만 나는 그중에서도 버락 오바마(Barack Obama)를 롤모델로 삼고 있다. 그 이유는 첫째, 마이너에서 출발해 결국 메이저로서 정상에 섰기 때문이다. 그는 진정 출신은 아무런 장벽이 되지 않음을 몸소 보여준 인물이다. 둘째, 어

느 한쪽에 치우치지 않고 균형과 조화, 배려와 화합의 리더
십을 보여주었기 때문이다. 오바마의 이 균형과 조화의 리
더십은 내 리더십의 기준을 세우는 데 큰 밑받침이 되었다.

하와이 출신 백인 어머니와 케냐 출신 흑인 아버지 사이
에서 태어난 오바마는 부모의 이혼으로 아버지 없는 혼혈
아로 자라야 했기에 어렸을 때부터 여러 어려움을 겪었다.

하지만 그런 상황에서도 어머니는 아이 교육에 힘을 쓰며
많은 책을 읽혔다. 훗날 오바마는 자신이 가진 능력의 80퍼
센트는 그때 읽었던 엄청난 양의 독서에서 나온다고 말하
기도 했다.

오바마는 사춘기에 접어들면서 인종 문제로 갈등을 겪어
술, 담배, 마약에 손대기도 했다. 그렇게 자포자기하며 살아
갔을 때 할머니의 끝없는 손자 사랑이 그를 각성시켰고 오
바마는 피부색이 아닌 인간 자체로 평가받는 세상을 만들
겠다고 다짐했다.

당시 미국의 총인구 중 흑인은 13퍼센트밖에 되지 않아
흑인들의 목소리는 그만큼 작을 수밖에 없었다. 하지만 그
는 언제까지 불이익을 당하고 살 수만은 없다고 생각하며
정치가의 꿈을 키웠고 마흔일곱 살에 대통령 선거에 출사
표를 던졌다.

미국인의 흑인에 대한 뿌리 깊은 편견을 바꾼다는 것은

쉽지 않았으나 사람들의 선입견에 과감히 도전장을 내밀어 결국 2008년 미국 44대 대통령에 당선되었다.

버락 후세인 오바마! 너무도 극적인 삶을 살아온 그는 1776년 미국이 건국되고 232년 만에 첫 흑인 대통령으로 이름을 올렸다. 그동안 미국이라는 나라에서 흑인이 대통령에 당선된다는 것은 영화에나 나올 법한 이야기였는데 이를 현실로 만들었다.

버락 오바마는 우리가 추구해야 하는 변화는 바로 우리 자신의 변화여야 한다고 이야기한다. '희망과 변화'를 내세운 그는 진보와 보수, 인종 차별이 없는 하나의 미국을 만들기 위해 불안 속에서도 담대한 희망을 갖자고 역설해 전국적으로 표를 얻었다.

오바마처럼 나도 스스로 리더가 되어 자신의 목표와 비전을 설정하고 이를 달성하기 위해 자기 주도적인 셀프 리더십을 발휘하려고 노력했기에 너무나 감사하고 과분한 성과를 이룰 수 있었다.

끊임없이 리더십을 공부하다

방공포병 특기는 공군의 비행기지가 아닌 대부분 산 정상이나 도심에서 멀리 떨어진 격오지 부대에서 근무한다. 그렇기 때문에 비행기지보다는 훨씬 열악한 환경에서 생활하게 되어 무엇보다 부대 관리가 기본 중의 기본이 된다. 부대 관리는 사회적으로 보면 기업 및 조직 관리와 같기에 경영과 밀접한 관련이 있다. 나는 그중에서도 인사조직, 리더십에 관심이 많았다. 어떤 조직이든 사람이 중심이고 사람이 모든 것을 결정하기 때문이었다.

리더십은 학자마다 정의가 다르나 일반적으로 '리더가 목표를 달성하기 위하여 팔로어에게 영향력을 행사하는 과정' 또는 '리더와 팔로어 간의 상호 영향력 행사 관계'라고 할 수 있다. 군에서의 리더십과 사회에서의 리더십 정의에는 차이가 없으나 군의 특성상 전쟁 승리, 자기희생이 기본으로 깔려 있다.

과거 군에서는 상관이 부하를 잘 이끄는 상하관계의 지휘통솔을 강조했다. 하지만 오늘날은 상관, 동료, 부하를 모두 포괄해 전방위적으로 영향력을 주고받는 상호작용의 과정으로 인식한다. 즉 리더십은 일방향이 아니라 다방향의 관계인 것이다.

그렇기에 보스십과 리더십을 잘 구분해야 한다. 보스십은 직위에 의존해 명령을 내리며 권력을 더 쌓으려들고 두려움 등을 이용해 복종을 요구한다. 또 주로 '나'로 시작하는 말을 한다. 하지만 리더십은 앞에 나서서 이끌며 권력이 아니라 권위를 쌓고 존경을 모은다. 열정을 일으켜 맨 아래에서 위까지, 이쪽 끝에서 저쪽 끝까지 '우리' 함께 가자고 지휘하는 것이다.

내가 생각하기에 군이라는 조직에서 리더가 되려는 자는 조직 구성원의 대부분인 젊은이들과 함께 지내기를 좋아하고 그들의 관점을 수용하며 그들의 문제를 해결해주려는 마음을 가져야 한다. 또 믿고 부하에게 맡기는 것도 필요하지만 때로는 24시간, 일주일 내내 부대에 전념하겠다는 정신자세를 갖추고 있어야 한다. 무엇보다 부하의 실패를 모두 책임지겠다는 각오를 다지며 불가능에 가까운 여러 목표를 동시에 수행해야 한다.

결론적으로 나는 군 지휘관에게는 균형과 상황 맞춤의 '패러독스 리더십'이 필요하다고 본다. 서로 다른 가치와 목표를 동시에 추구해야 하는 모순상황을 올바르게 인식하고 패러다임을 전환하여 역설적 사고 과정을 통해 탁월한 성과를 창출하는 리더십을 가져야 한다는 것이다. '둘 중 하나'라는 이분법적 사고에서 벗어나 다양한 기준을 활용함으로써 리더가 처한 상황에서 여러 가치와 목표가 균형과 조화를 이루도록 노력해야 한다.

전역 후 나는 감사하게도 군 생활 중 실전과 학업을 통해 체감한 리더십의 중요성을 강의할 기회를 얻었다. 강의 전에는 아직 군대를 접해보지 않은 젊은 대학생에게 내 강의가 얼마나 호응을 받을까 걱정하기도 했다. 하지만 예상외로 실제 사례를 곁들인 내 강의는 큰 인기를 얻었고 강의 평가에서 거의 만점에 가까운 점수를 받았다.

이후 수년간의 강의와 연구를 더해 김진홍만의 리더십 원칙을 정리했다. 그것은 바로 더하고 빼서 균형과 조화를 맞추어 사람과 사람을 이어주는 리더십이다. 공군기술고등학교의 학생에서 2성 장군에 이르기까지 단계단계를 오르면서 경험으로 얻어낸 서로를 이어주는 김진홍만의 '잇다 리더십', 이 책의 4장에 성공적인 '잇다 리더십'을 발휘하기 위한 10가지 원칙을 정리해놓았다.

2장

땅과 하늘을 잇다

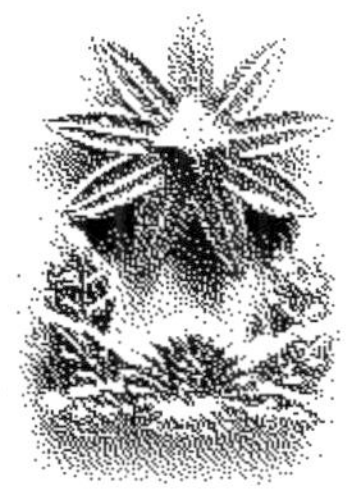

특기전환의 기회:

나의 길 찾기

'천직'은 하늘에서 부여받은 타고난 직분을 뜻한다. 단순히 생계를 꾸리기 위해 하는 일이 아니라 깊은 만족을 얻고 의미를 찾는 과정을 포함하는 개념이다. 영어로는 콜링(calling)이라고 하는데 이는 자신에게 주어진 특별한 사명인 '소명'이라고 번역되기도 한다. 천직을 찾은 사람은 엄청난 열정을 가지고 매일매일 자신의 일에 최선을 다한다.

리처드 J. 라이더(Richard J. Leider)는《마음이 가리키는 곳으로 가라》에서 '천직을 찾은 사람은 마치 아이처럼 엄청난 생기를 띠고 자기 인생을 축복으로 여기며 감사해한다'라고 말하기도 했다.

보급장교로 6년, 나는 많은 것을 배웠지만 무언가 채워지지 않는 목마름을 느끼며 군 생활을 하고 있었다.

그러다 1987년 말, 전투비행기지 내 육군 방공포대가 다음 해 공군으로 전군한다는 소문이 들려왔다. 방공포병 전체가 전군한 것은 1991년도였지만 전투비행기지 내 육군 발칸포대는 1988년 3월에 미리 전군했던 것이다. 그러자 나를 잘 알던 주위의 부사관과 동료들이 적극적으로 내게 특기전환을 권유했다.

당시 나는 방공포병에 대해 잘 몰랐다. 한마디로 방공포병은 대공포, 대공 미사일을 이용하여 지상의 중요 전략지에서 공중의 적 항공기와 비행체의 요격을 담당하는 전투특기에 속한다. 오랜 시간 육군어서 방공임무를 해오던 방공포병이 공군으로 전군한 이유는 베트남전쟁 때 아군의 오인 사격으로 아군 측 전투기가 많은 피해를 입었던 사례가 있었기 때문이었다. 또 좁디좁은 한반도 공중 공간에 수많은 항공기와 미사일, 대공 화기들이 뒤섞이면 피아를 구분하기 어렵기에 공군 항체에 대한 효율적인 통제의 필요성이 제기되었으며, 이에 따라 전군이 점차 추진된 것으로 알고 있다.

바로 이거였다! 나는 공군에서 더 가슴 뛰는 일에 도전하기 위해서 특기전환을 결심했다.

낯설었던 육군문화와의 조우

특기를 바꾸었다고 바로 방공포병 장교가 될 수는 없었고 당연히 발칸포대가 전군하기에 앞서 발칸포 운영 교육부터 받아야 했다. 1988년 3월 전군 행사 전, 1차 특기전환자 열일곱 명은 모두 다 함께 대구에 있는 육군 방공포병학교로 향했다.

갑작스러운 변화로 인해 육군 특기 교육과정에 공군이 들어가다 보니 이런저런 애로사항과 문화 차이를 겪을 수밖에 없었다. 거주할 숙소도 없어서 여관에서 묵었고, 아침에 교육장 행 육군 출근 버스를 탔을 때는 우리 일행 중에 중령과 소령도 있었는데 아무도 의식하지 않고 무신경으로 일관하는 아쉬운 광경을 목격해야만 했다.

또 당시 육군 방공포병학교의 경례 구호는 '격추!'였다. 방공포병의 임무가 항공기나 적 미사일의 요격이다 보니 어쩌면 당연한 건데도 공군 출신인 우리가 듣기에는 어감이 거북했다.

환경도 여의치 않았다. 공군 비행기지에 있을 때는 당시에도 다들 난방이 잘되는 건물에서 근무했는데, 당장 이곳 교육장은 비닐하우스로 된 가건물이었다. 2월이라 온몸이 벌벌 떨리는데 심지어 난로도 제대로 없었다. 그 열악한 환경보다 나를 더 놀라게 했던 것은 이런 환경을 당연하게 받아들이고 견뎌내는 육군의 야전성이었다.

육군은 소령 진급이 어려운 만큼 영관장교(소령, 중령, 대령)와 위관장교(소위, 중위, 대위)에 대한 대우가 철저하게 달랐다. 매주 토요일, 학교장 사열이 있었는데 소령 아래 위관급 장교들은 단상 아래 대열에 포함되어 사열을 준비해야만 했다. 공군은 사관학교 시절 때 이후로는 이렇게 사열을 받지 않았기에 매주 토요일마다 이 행사를 치르는 것이 새롭기도 했고 스트레스이기도 했다.

용어 차이도 컸다. 예를 들어 공군은 팔꿈치처럼 생긴 총열을 'L자형 총열'이라고 했는데 육군은 '팔꿈치 포경'이라고 불렀다. 또 공군에서는 '관건' 상태 잘 확인하라고 지시하는데 육군에서는 대신 '시건'이라는 단어를 썼다. 무엇보다 공군은 처음 보면 상호 존중의 대화법을 썼으나 육군은 계급이 낮으면 바로 반말을 했고, 말투도 때론 거칠게 느껴졌다. 지휘관에 대한 상명하복 개념 역시 많이 달랐다. 물론 잘못된 것도 일단 무조건 따르는 등 융통성 부족과 소통의 제한 등 단점도 일부 있었지만, 퍼기가 넘치고 주어진 환경이 제한되더라도 자신의 임무에 열과 성을 다하는 육군의 모습은 매우 인상적이었다.

공군과 육군의 문화가 다르다고 해서 그것을 꼭 공군화시켜야 한다고는 생각하지 않는다. 각각의 임무와 부대 환경이 다른 만큼 공군은 공군다워야 하고 육군은 또 육군다움이 있어야 한다. 마찬가지로 방공유도탄사령부는 나름의 고유 색깔을 가져야 한다. 같은 공군이어도 무기 체계나 부대 여건이 다른데 무조건 비행기지와 동일한 개념으로 운영한다면 오류가 발생할 수 있다. 전반적인 문화와 경향성은 공유하되 환경과 역할에 맞는 색깔을 유지해나가야 한다.

전군의 시대, 파이오니아 정신으로

2개월여간의 교육이 끝나고 나는 청주비행단에 배속되어 발칸포대를 지휘하는 방공포대장으로 보임되었다. 이후 강릉 비행기지 포대장 생활을 거쳐 1990년에는 88전대본부에서 계획 담당 장교를 맡았다. 1988년에 창설되어 88전대였는데, 전대가 창설된 지 약 3년가량이 지난 시점이었지만 운영 체계나 교범 같은 것이 아직 공군으로 녹아들지 못해 나를 포함한 많은 소속 요원이 업무를 제대로 파악하기에 어려움이 많았던 때였다.

교범 하나를 준비하려 해도 몇 달씩 걸렸고, 한 가지 애매한 것을 해결하려 해도 육군까지 가서 알아봐야 했기에 업무의 끝을 보기가 어려웠다. 또 부대원은 육군과 공군이 섞여 있는데, 육군 출신은 몇십 년 동안 이어온 자신들만의 가치관이나 행동방식을 지키려 했다. 공군에서 특기전환을 한 인원들 또한 제각각 다른 분야에서 수년간 근무하다 방공포병 특기로 바꾸어서 역할을 하고 있었기에 마치 물과 기름처럼 겉돌았다. 이렇게 서로 다른 문화와 특기 분야에서

온 사람들이 모였기에 각각의 특성을 살리고 연결하여 하나의 목표를 향해 나아간다는 게 쉽지 않았다.

그런 와중에 육군 방공포병사령부도 전군된다는 이야기가 들려왔다. 이는 나이키와 호크 미사일 전력이 전군된다는 의미였다. 각 비행기지 포대를 관리하는 전대급 업무만 하기에도 바쁜데 2, 3년 만에 육군방공포병사령부 전군 준비까지 해야 하니 기존 업무 체계가 무너질 수밖에 없었다. 전대본부 소령, 중령급의 장교들이 육군 방공포병과 태스크포스를 만들어 인수인계에 나섰는데 그야말로 혼란의 도가니였다.

그럼에도 1991년 방공포병이 육군에서 공군으로 무사히 전군할 수 있었던 것은 당시 공군 88전대에서 근무했던 많은 사람이 개척자, 선도자적인 마음가짐으로 노력했기 때문이라 생각한다.

나는 어떻게 생존할 것인가

방공포병 병과로 특기전환을 하고, 방공포대장으로 일선에서 부대를 지휘하다가, 참모 업무를 88전대본부에서 처음 경험하고, 3여단 창설에 참여하는 등 몇 년 사이에 나는 마치 롤러코스터를 타듯 방공포병 관련 여러 업무를 넘나들었다.

그렇게 정신없이 근무하다 1991년 소령 진급 예고를 받았다. 이제 직업군인으로서의 내 모습이 더 확실하게 인식되었다. 그 시점에서 주위를 둘러보니 공군 장교 임관 동기였지만 중령, 대령 진급에서는 공군사관학교 출신과 그 외 출신과의 진급 시기에 차이가 나고 있음이 뒤늦게 느껴졌다. '이게 출신이구나'라는 것을 깨달은 시점이었다.

내가 생각하기에 일부 육군은 출신에 따른 진급 차별이 더 뚜렷했다. 육군사관학교 출신이 대령으로 진급하는 시점에 육군 3사관학교나 기타 다양한 출신은 아직 소령 계급이기도 했다. 그러한 모습을 보면서 공군 2사관학교 출신인 내가 장군이 되겠다는 야망이나 포부를 갖기에는 현실적인 제한과 어려움이 있음을 실감하였다.

어떤 사람은 소위 임관할 때부터 자기 방문 위에다가 성판(군 장성을 상징하는 표식)을 그려놓고 '나는 별이 되겠다'라고 다짐하면서 살기도 한다는데 나는 그런 생각보다 '살아남으려면 어쨌든 끌려만 가지는 말자'라고 각오를 다졌다. 어찌 됐든 내가 천직이라고 여겨 선택해서 들어선 길이었기에 후회보다는 '이런 변혁의 시기에 나의 생존법은 무엇인가'를 진지하게 고민했다. 결국 포부, 꿈 이런 것을 논하기보다 지금 하고 있는, 눈앞에 놓인 현실적인 역할에 최선을 다하기로 다짐했다.

되돌아보면 임관하고 갓 소위 계급장을 달았을 때보다 더 많이 긴장하면서 생활했으나 또 내가 가장 열정적으로 도전하며 근무했던 시기이기도 했다.

전역 후 지금도 늘 나의 길을 찾고, 새롭게 모색하는 것도, 이때의 길고 어두웠던 터널을 지나보았기 때문이라고 생각한다.

힘듦이 주는 성장:
자부심과 보람을 느낀 시간

방공포병 특기를 진정한 내 천직으로 만들기 위해 나는 방공포병 근무지 중에서도 가장 힘들다는 전방 포대의 포대장에 자원했다. 어차피 직업군인이고 장교의 길을 걷고 있으니 어려운 일도 이겨내야 한다는 생각이 강하게 들었고, 3여단 근무 시절 감찰실이나 정보작전처 선배들도 "전방 쪽 포대를 가봐야 제대로 된 방공포병 포대장 역할을 할 수 있다"라고 종종 조언해주었기 때문이었다. 하지만 같이 신청했던 육군 출신 소령은 전방부대가 되었는데 나는 아쉽게도 남부 지역에 위치한 1여단 무등산 포대장으로 명령이 났다.

더 힘들지만 가고 싶어 자원했는데 안 되다니, 이것도 출신 성분에 의한 차별인 듯해 상심했다. 그런데 당시 여단장님께서 개인적으로 부르시더니 이런 말씀을 해주었다.

"자네는 공군 출신이니 부대 관리나 병력 지휘 그리고 작전 수행 등에서 힘든 곳으로 보임되어 더 많은 것을 경험해야 하네. 그래서 내가 자네를 일부러 지휘 관리가 어려운 무등산으로 보내는 것이니 불평 말고 열심히 하게.”

나는 전방부대가 아닌 전라도 광주로 보내면서 힘든 것을 경험하라고 하는 여단장님의 말씀이 의아하기만 했다.

그런데 그분의 결정이 옳았다. 그때 무등산 포대장 생활을 하지 않았다면 나는 2여단장, 3여단장, 사령관 역할을 하면서 격오지 부대에서 근무하는 장병들은 물론 해당 부대 지휘관들이 감내하고 있는 부대 지휘의 어려움이나 속사정을 충분히 공감하며 이해하기 어려웠을 것이다.

나의 군 인생에서 가장 뜻깊었던 무등산 방공포대장 시절, 나는 인생에서 우연히 만난 이 기회를 적극 활용하여 삶에 긍정적인 변화를 이끌어내는 ‘계획된 우연(Planned Happenstance Theory)’을 실현해낼 수 있었다.

이 경험은 현재도 나를 단단하게 받치고 있는 ‘마음 근육’ 같은 것이 되었다.

격오지 부대의 실상을 체험하다

무등산 포대는 방공포대 중에서도 고지에 위치하여 겨울에는 폭설로 인해 산길 도로가 끊기기 일쑤였고, 여름에는 장맛비와 뇌우, 구름 등으로 시야 확보가 어려웠다. 일반 지역이나 300~600미터 높이에 위치한 타 포대와는 전혀 다른 자연환경의 차이로 부대 지휘 방식도 완전히 달라져야만 했다. 날씨 변화로 인해 가끔씩 군 보급품은 물론 기본적인 편의 물품과 장병들이 좋아하는 BX 물품 보급이 끊겼고 혹한기에는 급수 파이프가 수시로 얼어 동파되는 바람에 식수난에 시달리기도 했다.

바람도 거셌다. 300~600미터 고지의 부대에서 살랑살랑 바람이 불면 1,100미터가량의 무등산 포대에서는 모래알이 날아다닐 정도의 강풍이 몰아쳤다. 게다가 좁은 산 정상에 부대를 만들었기에 여유 공간이 나오지 않아 행정 지역은 작전 지역보다 150미터 아래에 위치해 근무하다가도 식사를 하기 위해 무려 108계단을 왕복해야 했다. 심지어 당시 지휘관 운전병 대기실, 대대장과 포대장 관사, 대대 참모와 간부들의 숙소로 사용되던 연립건물은 주변 지역민들의 눈에 양계장이나 축사로 보일 정도로 허름했다.

열악한 환경 중에서도 가장 힘들었던 것은 추위였다. 남쪽 지방임에도 4월까지 눈이 내렸는데 제대로 폭설이 오면 종종 허리 높이까지도 쌓였다. 한번은 포대장실 출입문이 눈 때문에 열리지 않기도 했다. 날씨가 혹독하게 추운 날에는 취사를 하는 것 자체가 도전이었다. 취사병 여럿이 동도 트지 않은 새벽부터 1시간 가까이 매달려 겨우 취사용 버너에 불을 붙이기도 했기 때문이었다. 군에서 병사들에게 밥을 굶기는 것은 상상조차 할 수 없는 일이기에 그런 상황이 닥칠 때마다 지휘관인 나는 애를 태웠다.

게다가 당시 포대장은 원칙적으로는 나흘에 한 번 부대 내에 거주하면서 5분대기라는 비상근무를 해야 했는데 눈이나 비가 많이 오거나 상급 부대의 검열이 있으면 또 대기를 해야 해 365일 중 150일 이상을 부대에서 장병들과 함께 생활하며 포대를 지켰다.

무등산 포대를 말로만 듣던 때와 가서 직접 겪어본 후 나의 마음가짐은 완전히 달라졌다. 부임 전에는 작전이나 전투 능력을 크게 향상시키겠다고 각오를 불태웠는데 너무나 열악한 포대의 실정에 당장 생존하는 것이 최우선 과제가 될 정도였다.

그래도 독립된 포대를 이끌고 간다는 나름의 자부심을 느낄 수 있었다. 포대장으로서 장병들에게 작은 것이라도 해줄 수 있다는 보람도 컸다. 힘든 것들은 내가 감내하고 또 부하들과 함께하면 이겨낼 수 있다는 생각뿐이었다.

포대장으로서의 사명감을 제대로 느끼다

당시 250여 명의 무등산 호크 포대 인원 중 공군 출신은 나 혼자뿐이었다. 공군 출신 포대장이 나머지 육군에서 전군한 장병들을 지휘해야 했다. 통상적으로 지휘관 취임 초기에는 훈련을 많이 하는데, 전방이 아니어서인지 포대원에게서 강한 군기를 느낄 수 없었다. 방공작전 수행을 위한 긴박함이나 군인 자세 등이 많이 미흡해 실망도 했다. 또 상급부대와 멀리 떨어져 있고 1,000미터가 넘는 고지에 위치해서인지 사소하지만 포대장에게 예의를 갖추지 않거나 무시하는 경우도 종종 생겼다. 이로 인해 부대에서 크고 작은 사고가 끊이지 않았다. 병사 무단이탈을 비롯해 하사와 병장이 잦은 다툼을 하는 등 골치 아픈 사건이 계속적으로 이어진 것이다.

포대장으로서 한번 미친 짓을 하지 않으면 안 되겠구나 하는 생각이 들었다. 결국 준사관부터 말단 병사까지 필수근무 인원만 빼고 거의 150여 명이 되는 부대원 전원을 포대 복지회관으로 집합시켰다. 그 자리에서 왜 지금 포대장이 이런 행동을 하는지에 대해 절박한 심정을 토로하고 일병부터 감독관까지 한 명 한 명 마주 대하는 시간을 가졌다. 이렇게 포대장으로서 포대의 현실적인 문제점을 짚고 군인으로서 확실히 군기를 잡겠다는 의지를 보여주자 포대원의 태도에 각이 잡히고 사고도 조금씩 잦아들었다.

이렇듯 지휘관의 지휘방침과 부대의 임무 수행을 위한 최소한의 기준에 따라주지 않아 심한 질책은 했으나 당시 무등산 포대원들 모두는 열악한 여건에서도 최선을 다하는 참군인들이었다. 근본이 나쁜 사람은 단 한 명도 없었다.

그렇기에 부하들이 먹을 것을 먹지 못하고, 마실 것을 마시지 못하며, 임무를 수행하려는 데 여건이 안 되어 힘들어 할 때, 부대 지휘관으로서 가장 크게 가슴이 아팠다. 부하들의 결핍이 나의 부족 때문으로 여겨졌다.

이후에도 지휘관으로서 눈물을 흘릴 일이 없지 않았으나 부하들과 소통하고 교감을 나누며 극복해나가자 전우애가 점점 진해졌다. 이때 포대장으로서 느낀 아픔은 부대원 모두와 공감하였기에 차원이 달랐다고 여긴다.

무등산 포대에는 32개월이나 근무했다. 많이 힘들었으나 단 한시도 지겹다는 생각은 해본 적이 없었다. 작전특기였기에 비상상황이라도 걸리면 비상대기하는 비행기지의 조종사들처럼 뛰쳐나가 5분 안에 초탄을 발사할 수 있는 대기 태세를 늘 긴장감을 가지고 유지하려고 노력했다. 우리가 그렇게 한다고 해서 누군가 '와, 방공포병 대단하다'라고 칭찬해주는 것은 아니었다.

하지만 내가 진짜 근본부터 군인이라는 것을 뼛속 깊이 느끼며 군인으로서의 사명감을 확립할 수 있는 시간이었다. 지금도 지나온 군 생활 중 어디로 돌아가고 싶냐고 묻는다면 무등산 포대장 시절이라고 바로 대답할 것이다.

미친 듯 뛰어다니는 부하를 보며 눈앞이 흐려지다

해안가에 있는 남양 호크 포대의 포대장이 되었을 때의 일이다. 반기에 한 번씩 비상상황이나 전시 등을 대비해 신속하게 장비를 이동 설치하는 '전개 훈련'을 지휘하게 되었다. 나는 여단이나 대대의 검열에 대비해 관련 자료를 연구·분석하고 통신장비 유지와 물자 탑재 훈련 등 예행연습도 여러 차례 시행했다. 훈련 일을 며칠 앞두고는 직접 예비 진지를 돌며 확인하기도 했다.

그런데 공교롭게도 그전까지는 날씨가 좋았는데 훈련 하루 전날 비가 엄청 와 땅에 물이 고이면서 온통 질척거렸다. 그렇다고 예정된 훈련을 안 할 수는 없었기에 상급부대의 지시에 따라 계획대로 진행하였다.

내가 지금 대학교 강단에서나, 중·고등학생이나 일반인을 대상으로 하는 강연에서 '미친 듯이 공부해라, 미친 듯이 일해라'라고 몰입과 집중을 강조하는 것은 그때 부하들이 보여준 모습 때문이다.

옛날에는 군용 유선통신선이 둘둘 말려 있는 물레 모양의 '방차통'이라고 하는 데서 케이블을 풀어 100여 미터 이상 끌고 가 장비와 장비 간에 연결을 해야 했다. 병사들은 연실타래 같은 케이블을 들고 장비 사이를 뛰어다녀야 했는데 중간에 멈추거나 느려져서 케이블이 땅에 닿거나 꼬이면 안 되었다. 무엇보다 제한 시간이 있어 적시에 작전이 개시되어야 하기에 잠시도 멈추거나 쉴 틈이 없었다.

그렇기에 일반적인 상황에서도 성공적인 전개 훈련 완수가 쉽지 않은데 전날 비까지 와 땅이 젖어 있어 과연 제대로 해낼 수 있을까 잠시 의아심을 가지기도 했다. 하지만 그날, 병사들은 곳곳에 생긴 큰 물웅덩이를 그대로 밟고 뛰어가서 케이블 설치를 완수했다. 마치 내 눈에 보이는 웅덩이가 그 병사들한테는 안 보이는 것처럼 서슴없이 발을 내디며 달려갔다. 케이블을 들고 같은 속도로 일각의 주춤거림 없이 뛰어갔고 그러면서 병사들의 온몸은 땀과 물웅덩이의 물로 흠뻑 젖어들었다.

곳곳의 상황을 지휘하며 통제하던 나는 미친 듯이 자신의 역할에 최선을 다하는 부하들의 모습을 보고 갑작스럽게 가슴이 벅차오르며 먹먹한 기분에 눈앞이 흐려졌다. 고맙기도 하고 대견하기도 하고, 한편 안쓰럽기도 한 미묘한 감정이었다.

그런 부하들의 모습을 보면서 '앞으로 부하들이 걱정 없이 열심히 근무할 수 있는 포대 분위기와 여건을 만들어주어 내 부대에 자긍심이 생길 수 있도록 해야겠다'라는 생각이 밀려왔다. '그들이 하는 노력이 헛되지 않도록 지휘 방향을 잘 설정해야 하겠다'라는 무거운 책임감도 느꼈다.

한치의 망설임도 없이 케이블을 들고 미친 듯이 뛰던 병
사들의 모습은 오래도록 나에게 군 생활의 전형으로 남았
고 강연에서 군인정신을 말할 때 꼭 인용하는 에피소드가
되었다.

흔들리지 않는 힘:
경험으로 세운 업무 원칙

나는 3이라는 숫자를 좋아한다. 인문학적으로 숫자 3은 반복과 완성, 조화와 균형을 상징한다고 하는데 나는 인생의 여러 측면에서 세 번의 반복을 통해 완결성을 갖고자 했다. 사람을 볼 때 첫인상을 믿기보다 세 번은 더 보고 판단하려 노력했다. 또 누군가 실수를 했다면 세 번은 기회를 주면서 두고 본다. 중요한 일이나 어려운 프로젝트를 할 때는 더블 체크를 넘어 꼭 세 번씩 확인한다. 정말 하고 싶은 일이라면 한 번 실패에 포기하지 않고 세 번은 도전하겠다는 각오를 다진다.

야구에서도 세 명의 타자가 아웃이 되면 공수가 바뀐다. 나 역시 삼세판으로 승부를 겨룬다는 인생 원칙을 가지고 살아왔다.

이 원칙에 따라 능력은 뛰어났으나 본인의 지휘 실패가 아닌 두 차례나 부대 밖에서 발생한 사고로 인하여 진급을 못 한 포대장에게 세 번째 기회를 주어 결국 진급의 영광을 얻도록 했다. 주어진 현실에서 최선을 다한, 그 진정한 열정과 노력이 무시당하는 상황을 지켜만 볼 수 없었기 때문이었다.

사령관 시절, 사령부 감찰 담당자가 현지 예하 부대를 점검하여 결과 보고를 할 때 특히 안 좋은 상황일 때는 '세 번은 심사숙고한다'는 기준을 가지고 보고를 받았다. 사령관이나 감찰 담당자가 당시 예하 부대의 실무자 입장이었다면 그 일을 감내할 수 있었을까? 내가 하지 못하는 것인데 부하는 당연히 해야 한다는 논리를 인정할 수 없었다. 그래서 한번은 처벌의 대상이었던 실무자를 오히려 표창하였던 기억이 난다. 현실에 부합되지 않는 이상과 목표를 군인이니 해내라고 할 수는 없다.

집에서도 삼세판의 인생 원칙은 여지없이 발휘되었다. 아들이 "공군 전투 조종사가 되고 싶어요"라고 처음 말했을 때 한편으로 '그래, 역시 내 아들이야'라고 생각했으나 다른 한편으로는 '아들에게 내가 걸어온 결코 쉽지 않았던 이 생활을 반복시켜야 할까'라는 고민도 되었다. 결국 최종 인정과 확정까지 세 차례 질문과 확인을 반복했고, 본인의 의지가 확고하기에 기쁜 마음으로 지지했다.

업무를 할 때 여러 가지 원칙이 있겠지만 나는 그중에서도 가장 중요한 세 가지 원칙을 만들기도 했다. 그 하나는 업무 진행 전, 중, 후에 대한 보고의 원칙이고, 그다음은 시간과 목표에 대한 것이다.

남이 해달라는 것을 먼저 한다

88전대 계획 담당 장교가 되면서 기획과 계획 업무를 처음 접했다. 그런 만큼 서툴고 부족한 것이 많았다.

당시 대여섯 부서의 업무를 종합해서 몇 개의 결재선을 거쳐 전대장님에게 보고하는 역할도 했는데 타 부서에서 시한에 맞춰 자료를 보내주지 않아 매번 큰 스트레스를 받았다. 한 부서 때문에 전체가 다 기다려야 하고 그렇다고 내가 마음대로 작성할 수도 없는 상황이었다. 전대장님 퇴근 시간이 다 되어가면 부서장이 재촉을 해오지만 '어느 특정 부서가 자료를 보내지 않아서 종합이 되지 않았다'라면서 그 부서를 지칭해 변명할 수는 없었다.

어찌 됐든 자료를 받아 종합하는 게 내 임무였으니 욕을 먹더라도 내가 먹어야 했다. 하지만 나는 바쁜 상황인데 자료를 제공해주어야 할 부서는 바쁘지 않으면서도 시간 맞춰 자료를 보내주지 않은 것을 나중에 알고 담당이었던 후배 장교로 인해 마음의 상처를 받기도 했다. 또 나 몰라라 하는 사람 때문에 감정이 상한 적도 여러 번이었다. 그럴 때

마다 끊임없이 스스로를 다독이며 감정과 행동을 조절하고
자 노력했다.

그러면서 부서 간 업무 협조의 중요성을 직접 느꼈다. 당
시 겪었던 어려움 때문인지 일이 되도록 하기 위해서는 '내
가 해야 할 일보다 남이 해달라는 걸 먼저 해준다'라는 업무
원칙을 가슴에 새기게 되었다. 지휘관이었을 때도 참모들에
게 내 지시에 대한 과정과 결과 보고보다 다른 부대에서 요
청하는 것을 먼저 해주라는 당부를 많이 했다.

지금도 나는 대학교에서 강의계획서나 성적 산정표 등의
서류를 어느 시점까지 제출해달라는 요청이 오면 마감 시
간보다 최소한 하루라도 일찍 보내기 위해 노력한다. 청탁
받은 원고를 쓸 때도 마찬가지이다. 그러면 남에게 재촉 전
화를 받지 않아서 좋고 나 또한 깔끔하게 일처리를 할 수 있
어서 마음이 개운하다.

모든 일에 5분의 여유를 가진다

내 시간이 귀한 만큼 남의 시간도 귀하다. 누군가를 만났
을 때 약속 시간에 늦어 사과부터 해야 한다면 그 후의 업무
와 관계가 매끄럽게 진행되지 않을 게 당연하다. 또 시간에
쫓겨 허둥대다가 꼭 필요한 서류를 두고 오는 등의 실수로
아예 업무가 진행되지 않는 경우도 생길 수 있다.

사무실에서도 마찬가지이다. 5분만 먼저 출근해도 조직 구성원으로서 긍정적인 자세를 보일 수 있고, 모두가 퇴근으로 조급한 마음이겠지만 5분만 늦게 퇴근해도 사무실에서 안전 점검을 확실하게 챙기는 등 심신의 여유를 가질 수 있다.

공군본부에서 소령으로 근무하던 시절의 일이다. 새벽에 출근해보니 사무실의 세절기가 응웅거리며 작동 중인 것이 아닌가? 어제 늦게까지 급한 일을 처리하다가 빨리 퇴근하고 싶은 마음에 철저히 확인을 하지 않은 듯했다. 몇 달 전 공군본부의 다른 부서에서 밤새 작동한 세절기로 인해 화재 사건까지 일어났는데…. 아찔했다. '괜찮겠지' 하는 순간의 방심이 재산은 물론 인적 사고까지 유발할 수 있으니 말이다.

이 때문에 나는 '5분 먼저 5분 나중'을 업무 원칙으로 삼았다. 이후 출근 시간이든 퇴근 시간이든, 아니면 누구를 만나는 시간이든 나는 허둥지둥하는 상황을 최소화할 수 있었다. 심지어 새로운 곳을 갈 경우 이동 중에 의외의 상황이 벌어질 것을 대비해서 시간 계획을 짰다. 일찍 가는 것은 아무 문제가 없다. 시간이 남으면 검토해야 하는 자료를 한 번 더 확인한다든가, 노트를 펼쳐놓고 다른 업무 정리를 할 수도 있기 때문이다.

전역 이후에도 나는 이 수칙을 변함없이 지켰다. 그런데 사회에 나와 보니 많은 사람의 약속시간 개념이 달라서 여러 번 혼란스러운 상황을 겪기도 했다. 하지만 군이든 사회이든 약속은 약속이 아닐까? 서로의 시간을 5분, 아니 1분이라도 존중해주어야 한다.

목표가 없는 것을 목표로 삼다

나는 포대장 시절부터 다른 사람에게 화려한 목표를 내세우고 우리 부대는 이것을 꼭 달성해내야 한다고 주장한 적이 없다. 군대의 많은 계획과 목표가 현실과 조금은 동떨어진 경우가 있을 수 있는데, 책 한 권 분량의 두꺼운 작전 계획서를 검토했을 때도 그 안에 과연 실제 적용 가능한 것이 몇 가지나 될지 의문이 들기도 한다. 때론 그저 계획 세우기 자체가 목표가 아닌가 하는 생각마저 했다.

사령관으로 취임했을 때도 현실적이지 않고 조직이 실천하기 어려운 뜬구름 잡는 목표는 세우지 않도록 노력하였으며 나아가 내 개인의 색깔을 부대에 입히지 않겠다고 다짐했다. '주어진 현재의 업무, 즉 기본에 최선을 다한다'라는 것이 내 지휘 철학이라면 철학일 것이다. 거창하게 구호를 내걸고 하는 캠페인 같은 것은 적성에 맞지 않았다. 내 색깔보다 우리 부대의 색깔을 이야기하고 싶었다. 그래서 취임

하자마자 예하 지휘관과 참모들에게 이렇게 말했다.

"사령관 취임에 따른 내 지시사항은 없다."

내가 과거에 모신 선배 중에는 지휘관 취임을 하자마자 앞으로 할 과업을 수십 가지나 빽빽이 적은 종이를 참모들에게 나누어준 분도 있었다. 그런데 그 과업의 목표가 무엇인지 불분명한 것이 많았다. 진정 필요해서 하는 것인지 확신하기 어려웠다.

나 역시 '사령관으로서 무슨 일을 해야 할 것인가?'를 고민하며 취임 전까지 두 달여 동안 작전, 훈련, 부대 관리, 장병 관리를 목표로 다섯 장 정도 서류를 작성하기도 했다. 사령관이 되고도 2~3개월에 한 번씩 그것을 들춰보았다. 그러나 그 일들이 당장 하지 않으면 안 될 과업인지 생각해보면 꼭 그런 것은 아니었다.

과거에는 지휘관이 바뀌면 시급한 일이 아님에도 신임 지휘관의 지휘 철학이라는 이유로 부대원들이 주 임무를 제쳐두고 신임 지휘관이 제시한 일에 몰두하기도 했다. 나는 참모들에게 새로운 일을 지시할 때 쓸데없는 추가 업무를 시키는 것은 아닌지 항상 심사숙고하려 노력했다. '이것도 검토해보는 것이 어떠냐'라면서 지휘관이 곁다리로 끼워넣은 일이 기존 업무의 진행을 방해하지 않도록 고민했다. 지휘관이 지시한 일에 무조건 부하들이 주력하는 것을 경계

하고 이를 최소화하고자 관심을 늦추지 않았다.

사령관은 현실에 충실한 자세를 갖고 무엇보다 부하들이 꼭 해야 할 일을 제대로 하도록 여건을 마련해주는 것이 가장 중요하다. 하지 않아도 될 일이라면 과감하게 없애주어 효율적인 업무 환경 분위기가 되도록 주어진 권한과 역할을 발휘해야 한다.

실패의 경험담:

시행착오가 성장의 밑거름

신이 아니고 인간인 이상 우리는 실수와 실패를 피할 수 없다. 많은 철학자와 책 역시 인간은 새로운 일을 할 때 실수할 수밖에 없고 실패하는 과정을 통해 더 많은 것을 배운다고 말한다. 그런데도 우리는 왜 그토록 실수나 실패를 인정하기 힘들어할까? 이는 한 번의 실수나 실패를 끝으로 받아들이기 때문이다.

실패를 인정하고 분석하면 그 경험을 자산으로 삼아 실수를 줄이고 더 큰 성공을 거둘 수 있다. 미국 토크쇼의 여왕 오프라 윈프리(Oprah Gail Winfrey)도 '실패는 최고의 교사로 우리는 실패에서 배울 수 있다'라고 말했다. '왕이 되려는 자, 왕관의 무게를 견뎌야 한다'는 말처럼 성공하려는 자는 실패의 무게를 견뎌야 한다.

나 또한 스스로 또는 주변 환경으로 인해 여러 차례 실패를 맛보았다. 하지만 잘잘못을 따지기보다는 그때마다 다시금 각오를 다지며 앞으로 나아갔다.

꼴찌에서 두 번째인 성적표

누구에게나 처음은 힘들 수밖에 없는데, 첫 비행기지 방공포대장이 되고 얼마 지나지 않아 나갔던 대공사격대회에서 불합격을 받은 것은 너무도 뼈 아픈 지휘 실패의 경험이었다.

육군에서 2개월여간 발칸포 교육을 받고 나는 그해 3월 청주 비행기지 방공포대장으로 첫 보임을 받아 지휘관 생활을 시작했다. 그러고 얼마 되지 않아 1년에 봄, 가을 해서 두 번 열리는 대공사격대회가 코앞으로 다가왔다. 아직 초짜 포대장이지만 결코 아무렇게나 대회를 치를 수는 없었다. 발칸을 몇십 년간 다뤄와 누구보다 발칸에 대해 잘 알고 대회 준비도 수차례 해본 상사와 함께 최선을 다해서 훈련했다.

합격선은 100대 1로, 100발 중에 최소 1발을 표적지에 맞추어 적기 한 대를 떨어뜨려야 하는 것이다. 잘 쏘는 포대는 40여 발을 쏴서 격추하는 기록도 가지고 있었다. 하지만 우리 부대가 받아든 결과는 107대 1, 불합격이었다. 거기다 10개 포대 중 꼴찌에서 두 번째 성적이었다.

그때는 젊기도 젊었기에 무엇보다 자존심이 상했다. 또한 포대장으로서 자신이 관리하는 무기를 잘 활용하는 것은 기본이라 여겼기에 대공사격대회 불합격이라는 성적에 얼굴이 화끈거리기까지 했다.

이 실패를 만회할 방법은 가을 대회에서 합격하는 것밖에 없었다. 그래서 지난번 사격대회 준비에 문제가 있었다고 판단해 변화를 주려 했는데, 그것이 쉽지 않았다. 봄 대회를 주관했던 상사가 고집을 부렸기 때문이었다. 간부들끼리 토의해서 봄 대회의 문제점을 짚어보고 개선점을 모색해보자며 수차례 회의를 했지만 담당 상사는 항상 회의 결과나 포대장이 제시한 의견에 반대를 했다.

오랫동안 발칸을 다뤄왔던 담당 상사가 고집을 부리는 게 한편으로 이해가 안 되는 것은 다니나 상황이 달라졌는데 같은 방법으로 또 대회를 준비한다면 불합격할 것이 뻔했다. 전반기에 우리가 불합격했기에 후반기에는 다른 방법을 써서 더 잘해보자고 그를 설득하기도 했는데 담당 상사는 한 발도 물러서지 않았다.

이미 실패한 방법을 계속 밀어붙이고 있으니 내 상식으로는 도저히 납득할 수 없었고, 좀 더 나아가 지휘관에 대한 도전처럼 느껴졌다. 결국 그를 별도로 불러서 호되게 질책했고 사격대회 준비에서 제외시켰다.

그렇게 주관하는 간부를 교체하고 변화를 주어 훈련한 결과 후반기 사격대회에서는 뛰어난 성적으로 합격했다. 아무리 오랜 경험이 있더라도 다른 사람의 의견을 존중하지 못하고 자신만 옳다고 생각하면 아집에 빠질 수 있음을 이때 크게 느꼈다.

그 이후 진급을 해나갈수록 내 의견을 고집부려 내세우지 않고 '경청'에 더 많은 노력을 기울이게 되었다.

정직이 최선의 방책이다

여러 부대가 참여하는 중요한 훈련을 진행했을 때의 일이다. 나는 평소처럼 장비 점검을 철저하게 끝내고 훈련에 들어갔다. 그런데 훈련이 진행되면서 상하급 부대 간에 지시 전달의 잘못으로 절차 수행상의 문제가 발생해 최상급 부대에까지 영향이 가는 크나큰 훈련 오류 상황이 벌어졌다.

더 심각한 문제는 그 후에 일어났다. 어디서부터 잘못됐는지 확인을 해야 하는데 관련 부대들이 서로 자기네 탓이 아니라며 강경한 입장을 보였기 때문이었다. 훈련은 분명 오류가 났는데 아무도 잘못한 사람이 없는 초유의 상황이 벌어졌다.

당시 어느 한 부대의 잘못이라기보다는 여러 실수가 중첩되면서 실패의 결과가 나온 것이었기에 나도 고민을 할 수밖에 없었다. 우리 포대가 잘못한 것이라고 하는 순간, 포대장인 나는 물론 훈련을 수행한 장교, 부사관, 병사 모두가 처벌을 감수하여야 하기 때문이었다. 갈등이 밀려들었다.

그러나 누군가가 책임을 져야 한다면, 먼저 시원하게 인정해야겠다는 생각이 들었다. 누구라도 나서지 않으면 이제는 훈련의 오류를 벗어나 참여 부대의 책임감과 개개인의 인간성까지 거론될 수밖에 없는 상황이었다.

나는 엄청난 부담을 안고 훈련통제 책임자에게 전화를 드렸다.

"죄송합니다. 우리 포대에서 훈련 시행 간 통신상의 용어를 정확히 인지하지 못하여 오루를 범하였습니다. 오류에 대한 책임은 포대장인 제가 지겠습니다."

잠깐의 침묵 후, 그분께서는 예상외의 말을 하셨다.

"정말 너희 포대에서 잘못했냐?"

"그렇습니다, 훈련 준비가 미흡하여 죄송합니다."

"알았다. 내가 추가 지시를 할 테니 기다려라."

그 후, 우리 포대에는 아무런 징계 조치가 하달되지 않았다. 오히려 잘못을 인정한 나에게 그분은 양심을 속이지 않고 솔직하게 말한 지휘관이라며 격려와 위로를 해주었다. 훈련 수행 시 다양한 상황에 대처할 수 있는 지휘 요령도 가르쳐주었다. 장교로서 책임을 다하는 모습을 보여주고 상급자에게 진심을 전하자 전혀 예상치 못한 결과가 나온 것이다. 이후, 그 상급자와는 개인적인 친분을 쌓은 것은 물론 그분이 전역할 때까지 서로를 이해하고 배려하는 좋은 관계를 지속할 수 있었다.

실수나 실패 앞에서 최고의 방책은 '정직'이었다.

무릎을 꿇고 눈물을 흘리다

대대장 시절, 1여단 내에서 사건사고가 여러 차례 일어나 분위기가 좋지 않은 때였는데 어느 날 새벽, 국방부 감찰실에서 불시 공직기강 감찰이 나왔다. 대대 상황실에서 전화를 받고 나는 세수도 하지 못한 채 부랴부랴 부대로 출근하였다. 감찰관들은 대대장인 나를 찾지 않고 바로 대대 창고로 직행한 상황이었다. 이미 무언가 첩보를 듣고 온 것이다.

그들이 제시한 문제는 부적절한 병력 관리로 인한 근무 태만, 보급품 관리 부실이었다. 나는 해당 간부를 불러 그 내용을 확인했다. 알고 보니 기지대 선임부사관인 원사가 창고에 골프연습장을 만들어놓고 연습을 하고 있었다. 그게 다가 아니었다. 그 원사는 사격하고 남은 탄피까지 다섯 발을 보관하고 있었고 병사들 관리에서도 부적절한 사항이 확인되었다.

결국 나는 지휘 관리 실수를 인정할 수밖에 없었다. 그리고 이 상황을 어떻게 수습해나가야 할까 고민했다. 극단적인 방법이 아니면 감당하기 어렵겠다고 판단했다. 감찰관들이 최종 브리핑을 하러 대대장실로 들어왔을 때 나는 지휘관으로서의 자존심을 모두 내려놓고 무릎을 꿇었다.

부대와 부하 관리 그리고 제반 상황 파악 미흡, 더더욱 중요한 지휘관으로서의 책임과 역할 부분의 부족함을 인정하고 선처를 요청하였다.

"이 모든 잘못은 제 불찰입니다. 대대장인 저를 한 번만 믿어주면 안 되겠습니까?"

그렇게 말하는데 갑자기 눈물이 핑 돌았다. 부하를 위한 부분도 있었으나 지휘관으로서 더대를 지켜야겠다는 마음이 북받쳐 올라왔기 때문이었다. 부대원들과 함께 잘해왔던 것이 이 사건으로 인해 모두 와해될 수 있다는 생각에 울컥했던 것 같다. 많은 생각이 오고 갔다. 김진홍으로서, 남편으로서, 아빠로서, 부모님의 아들로서 그리고 내가 책임지고 있는 예하 부대의 상급 지휘관으로서…. 감찰관들은 내 행동에 깜짝 놀랐다.

"일단 여기 앉으세요. 우리는 대대장님의 진심을 믿습니다. 하지만 이런 유사한 일이 다시 알려질 수도 있는데, 그 부분을 감당할 수 있겠습니까?"

지휘 관리 소홀이 한 번은 이해받을 수 있으나 이와 같은 부적절한 사례가 반복된다면 더 큰 문제가 될 수 있음을 지적한 것이다. 감찰관은 해당 지휘관으로서 다시 이와 유사한 사안이 불거지지 않도록 어떤 더안과 개선 방안 등을 책임지고 수행할 수 있느냐를 분명히 짚고 넘어가려는 것이었다. 그러면서 그들은 오히려 자신들이 대대장을 믿을 수 있도록 확신을 달라고 요구했다. 나는 무조건 믿게 해준다고 했고 말이 아닌 실행으로 보여주겠다고 답했다. 인간 대 인간으로서의 약속이었다. 이 약속은 반드시 지켜야 했다. 그렇지 않으면 모든 믿음은 깨져버릴 것이었다. 그리고 결국 나는 이 약속을 '잇다' 리더십을 앞세운 철저한 부대 관리와 사람 관리를 통해서 지켜냈다.

당시 어려웠던 부대 상황을 이겨내고 다시 성장할 기회를 갖기 위해서는 나의 절실함을 내보이는 것 외에는 방법이 없다는 생각이었기에 무릎을 꿇은 것이 결코 부끄럽지 않았다. 부대와 부하들 그리고 신뢰의 눈길을 보내주는 상급 부대를 실망시키고 싶지 않았다. 나 스스로에 대해서도 더더욱 마찬가지였다.

이는 실수한 것을 인정하며 나를 낮춤으로써 내 책임과 역할을 더욱 강하게 인식할 수 있는 경험이었다.

이후 전역한 지금까지 누군가의 앞에서 무릎을 꿇고 눈물을 흘릴 큰 실수나 실패의 순간은 더 이상 생기지 않았다. 하지만 사소한 일이라도 실수한 것을 모른 척 덮고 은근슬쩍 넘어가는 어른이 되지 않으려고 노력한다.

학생들이나 지인, 각종 대인관계에서 피치 못할 사정이나 상황으로 내가 실수를 한다면 꼭 먼저 인정하고 사과하여 재발 방지를 약속하고자 한다. 물론 그 전에 장군의 자존심을 걸고 실수하지 않으려고 부단히 노력할 것이다.

끝나지 않은 역할

직업군인으로서 나는 군에서 여러 혜택을 받아 정신적으로나 육체적으로 크게 성장할 수 있었다. 그렇기에 전역을 했어도 어떤 형태로든지 군과의 인연을 계속 이어가면서 군에 도움이 되는 일을 하겠다는 생각을 가지고 있었다.

특히 '그래도 장군이었는데 좀 폼 나는 일을 해야지' 하는 겉치레를 내려놓고 남과 비교하거나 남들의 시선에 연연해하지도 않고 좋은 취지를 가지고 있는 단체나 활동이라면 적극적으로 참여해 내 힘을 보태자고 마음먹었다.

내가 할 수 있는 일이 무엇이 있을까? 전역하고 또 다른 입장에서 군을 위해 도전하고 봉사하겠다는 생각을 하니 아직도 청년 때처럼 가슴이 뛴다.

공군항공과학고 총동창회장 역할을 맡다

군과 관련된 일에 보탬이 되겠다는 각오의 첫 번째 실천

사례는 2018년부터 현재까지 내가 졸업한 공군항공과학고
등학교의 총동창회장직을 맡아 다양한 활동을 벌이고 있는
것이다.

공군항공과학고등학교는 1969년 창설 시에는 공군간부
학교로 불렸다. 그러다 3년 만인 1971년에 공군기술고등학
교로 이름이 바뀌었고 2006년에 또다시 현재의 학교명으로
개칭했다. 무려 50년이 넘는 역사를 가진 학교로, 그동안 많
은 학생이 졸업과 동시에 공군 하사로 임관해 간부로서 훌
륭히 임무를 수행해내고 있다. 이를 위해 재학시 항공통제,
정보통신, 항공전자 등 핵심 전문분야는 물론, 군사지식, 지
휘 관리 등 군사학 과정의 교육을 이수한다.

내가 공군항공과학고등학교의 총동창회장을 맡아 더 열
심히 활동하게 된 이유가 있다. 전역 직후 모교에 특별강연
을 갔다. 강연 전에 나에게 물어볼 질문을 학생들이 포스트
잇에 적어서는 칠판 가득 붙여놓았고, 나는 그것을 하나씩
떼어가면서 학생들이 궁금해하는 것에 대한 답변을 했는데
한 포스트잇에 이런 말이 적혀 있었다.

'항과고 총동창회의 역할이 있기는 하나요?'

그 질문을 보는 순간, 총동창회가 제대로 일하는 모습을
보여주어야겠다는 각오가 생겼고, 선후배 간 소통의 중요성
도 실감하였다. 그때 학생들이 더 자랑스럽게 공군항공과학

고등학교에 다닐 수 있도록 학교의 위상을 높이고 공군항
공과학고등학교 졸업생 1만 1,000여 명의 대표로서 회원 상
호 간의 상부상조와 친목, 권익, 인화단결을 도모해 공군뿐
아니라 사회 공익의 증진에 이바지하려는 목적도 명확히
가지게 되었다.

그동안 공군항공과학고등학교 총동창회는 공군전우회,
공군 하늘사랑 장학재단 등을 정기적으로 방문해 기부금을
전달했고 공군 임무 수행에 최선을 다하는 공군비행단, 관
제사이트, 미사일포대 등의 부대도 정기적으로 찾아가 장병
들을 격려하고 위문금을 전달했다. 여러 초·중학교를 다니
면서 공군과 공군항공과학고등학교의 역할에 대한 강연도
하고 지역사회 봉사 활동도 적극 추진했다. 무엇보다 총동
창회 회원들의 뜻을 모아 공군참모총장을 초청해 졸업식과
임관식을 주관할 수 있도록 협력한 것에 큰 자부심을 느낀
다.

총동창회의 이러한 활동이 공군항공과학고등학교 재학
생들뿐만 아니라 열심히 군 임무 현장에서 역할을 수행하
고 있는 총동창회 회원들에게도 소속감을 갖게 하는 크나
큰 계기가 되었다고 믿는다.

예전에 누군가 "당신은 2성 장군 출신인데, 어떻게 부사
관을 양성하는 고등학교의 총동창회장을 하고 있나요?"라

는 질문을 한 적이 있다. 그때 나는 당당하게 대답했다.

"그간 나는 그 어떤 상황에서든 공군항공과학고등학교 출신이라는 분명한 사실을 단 한 번도 부인한 적이 없고, 부인할 수도, 부인해서도 안 된다고 생각해왔습니다. 저는 공군항공과학고등학교 10기생 출신임을 당당하게 인정하고 이 학교가 내 군 생활의 뿌리임을 자랑스럽게 생각하고 있습니다. 그래서 지금도 떳떳하고 감사한 마음으로 총동창회장 역할을 맡아 미력하나마 우리 총동창회가 다양한 형태로 군과 사회에 기여할 방법을 기획하고 실천하고 있습니다."

드론 교육원을 설립하다

2사관학교 시절, 나는 비행에 남다른 열정과 관심이 있었으나 부친의 강한 반대로 조종사가 되는 꿈을 접어야만 했다. 그런데 인연이 되려는 것인지 또 한 번 나에게 비행체를 조종할 기회가 다가왔다. 바로 드론 조종이었다.

2018년, 평창 동계올림픽 개막식을 TV로 보고 있는데 1,218대의 드론이 하늘에 올림픽 오륜기를 멋지게 그려내는 장면이 나왔다. 그 순간 본능처럼 내 뇌리에 어떤 생각이 스쳤다. 저 드론을 단순한 행사용이 아니라 군사적으로 활용한다면, 극단적으로 우리를 위협하고 있는 북한군이 드론으로 공격을 한다면 우리는 어떻게 방어를 해야 할 것인가? 그 순간 성대한 올림픽 행사를 즐겁게 보던 느낌이 사라지고 문제의 심각성에 큰 위협마저 느꼈다. 방공유도탄사령부 소속이었던 직업에서 나온 본능적인 판단이었다.

'드론은 우리의 대공방어 체계에 굉장히 큰 위협으로 다가올 수 있다.'

이렇게 결론을 내리고 이제 드론은 결코 몰라서는 안 되는 대상이라는 것을 명확히 인식했다. 나는 드론을 이해하기 위해 관련 자료를 찾아 읽었고, '명과 암'이라는 드론 관련 기사를 게재하기도 하였다. 이후 꽤 긴 시간을 투자해 드론 조종 자격증을 취득했으며, 부단히 실습을 하면서 드론 전문가가 되기 위해 노력하였다. 그 결과, 충청대학교에서 대학교 총장님과 산학단장님의 배려로 드론전문교육원 설립을 위한 합의서를 체결하여 전문원장과 함께 인근 고교생, 대학생, 경찰 및 지역 주민들에게 드론 조종과 운영 등을 가르치고 있다.

최근 들어 각 국가에서는 드론을 활용해 군사력을 강화하려는 움직임이 활발하게 일어나고 있다. 외국에서는 드론을 실전에 투입해 큰 성과를 얻은 사례도 속속 보고되었다. 러시아와 우크라이나 전쟁으로 그 현실을 더 극명하게 인식할 수 있다. 현재 우리 공군에서는 '무인항공기운용병'이라는 새로운 전문특기병을 모집 중이기도 하다. 그래서 갈수록 드론을 배운 전문인력이 많이 필요할 것으로 예상되기에 내가 속해 있는 드론전문교육원도 군은 물론 드론에 관심을 갖는 적지 않은 일반인에게 많은 도움이 될 것이라고 본다.

개인적으로는 무엇보다 조종과의 인연이 끊어지지 않고 사회에서도 이어졌다는 사실이 아직까지 신기한 느낌이다.

한미동맹 평화공원 부총재직을 맡다

2020년 미국 펜실베이니아주 몽고메리 타운십에서는 한국전 70주년을 기념해 만든 '한미동맹 평화공원'의 준공식이 열렸다. 이에 우리나라에서도 6·25전쟁 참전용사의 희생정신을 기리며 두 나라 동맹의 가치를 알릴 뿐만 아니라 세계 평화를 위한 협력 증진을 위해 부산 UN 평화기념관 컨벤션홀에서 '한미동맹 평화공원을 설립해 창립총회를 개최하였다.

나는 최초 총회 발기인이었던 현 이사장으로부터 참여를 요청받았는데, 예비역 장군으로서 한미동맹의 중요성과 역할 그리고 미래 세대의 역사 인식 제고의 필요성을 인정하기에 적극 참여하기로 해 현재 이 단체에서 부총재직을 맡고 있다.

　한미동맹 평화공원은 지속적인 한미 간 유대 강화를 위해 노력하고 있으며, 민간 외교 활동과 동맹 유지를 위한 차세대 교육을 꾸준히 펼쳐나갈 계획이다. 그 일환으로 2025년 3월에는 일주일간 미국 펜실베이니아주를 방문해 주 국회의장과 현역 및 예비역 의원을 만나고 기업, 기관 단체를 찾아가 유대를 강화했다.

　특히 한미동맹의 미래 지향적인 소명을 더욱 굳건히 하고자 추진하는 미국 평화공원 내 한국관 건립 사업은 양국 군과 기업 교류를 활성화시켜 더욱 발전된 미래로 나아가는 데 큰 버팀목이 될 것이라고 본다. 나는 앞으로도 최선을 다해 한미동맹의 실질적 가치 구현을 위한 나의 작은 역할을 수행해나갈 것이다.

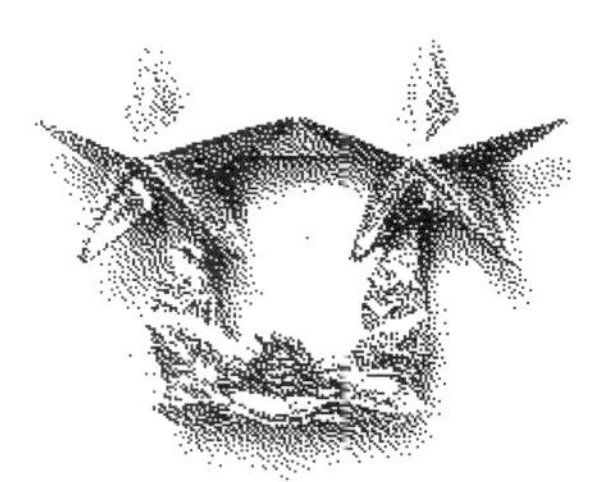

3장

사람과 사람을 잇다

사람 관리가 곧 작전:

사람을 얻어야 참된 지휘관

'인사(人事)가 만사(萬事)'라는 말이 있다. 어느 조직이든 사람이 모여 일하기 때문이다. 그렇기에 가장 먼저 인재를 적재적소에 배치해야 하고, 일단 내 조직에 속하게 된 구성원이라면 계급이나 나이와 상관없이 그들을 존중하며 가지고 있는 역량을 최대한 발휘하도록 지원해야 한다. 때로 개개인에게 넘치거나 부족한 영역이 있다면 상급자(지휘관)가 빼거나 더해주는 역할도 해야 한다.

이러한 사람 관리는 리더십 발휘와는 조금 색깔이 다르다. 리더십이 장기적인 비전 제시와 동기부여에 중점을 둔다면 사람 관리는 지금 이 순간 주어진 목표를 달성하도록 만들기 위해 환경을 조성해주고 조직원에게 명확한 피드백을 제시해 스스로 수행 능력을 개선해나가도록 돕는 것이기 때문이다.

나는 격오지 부대 포대장이 되면서부터 리더십 발휘뿐만이 아니라 사람 관리가 곧 작전 임무 성공의 전제가 된다는 것을 뼈저리게 느꼈다. 공군에서 제일 가기 싫어하는 곳이 방공포병이고, 방공포병에서도 제일 가기 꺼리는 곳이 격오지 포대이다. 화악산, 황병산, 무등산 등의 산간오지와 백령도 등 섬에 있는 포대는 환경이 열악할 뿐만 아니라 좋은 인적자원을 충원받기도 어렵기에 사건사고가 많이 일어나기 때문이다.

이런 환경에서 일어난 일련의 일들을 지휘관으로서 해결한 경험과 그 후 장군에게 부여된 권한과 책임을 발휘하면서 사람 관리의 중요성에 대한 신념은 더욱 강해졌다. 사람 관리를 잘한다는 것은 결국 부대원에게 직접적으로 선한 영향력을 미쳐 부대 생활 만족과 상호 존중의 긍정적 변화를 가져오는 것이다.

권총으로 진심을 전하다

장군 진급 예고를 받고 첫 부임한 2여단, 정말 열정이 하늘을 찔렀고 모든 것을 다 이루어낼 수 있을 것만 같았다. 그러나 현실은 너무나 달랐다. 하사들의 음주 사고로 월 단위로 한 명씩, 세 명이나 목숨을 잃는 심각한 문제가 연이어 발생한 것이다. 군인이 전쟁도 전투도 아닌 음주로 생명을 잃다니, 해당 지휘관으로서 도저히 받아들일 수 없는 현실이었다. '인물이 안 되는 사람을 진급시켜 부대 관리를 잘 못 하는 것 아니냐'라는 조소 섞인 말까지 들려왔다.

이대로 여단장 직책을 계속 수행한다는 것이 부하들에게는 물론 나 스스로에게도 도저히 용납이 안 되었다. 군 생활을 계속해야 할지 며칠간 심각하게 고민을 한 끝에 아내와 의논을 했다.

"부대가 이런 상황에서 더 이상 여단장 직책을 수행할 수가 없겠어. 이 시간 이후 한 명이라도 더 사망 사고가 생긴다면 여단장 직책을 내려놓고 전역을 할 생각이야."

아내는 아무런 예고 없이 말하는 나의 이야기를 조용히 들어주었다. 아내도 바로 곁에서 일련의 일들을 지켜보았고, 나의 고뇌와 아픔을 알기에 무슨 의미로 그런 말을 하는지 이해하고 있었다. 내 말이 끝나자 아내는 당신만의 잘못이 아니라고 말렸지만 내 마음은 더욱 확고해졌다. 아내와 대화를 나누는 순간순간 그간 지나온 많은 시간이 스쳐 지나갔다. 강릉에서의 신혼 시절, 첫째를 출산하고 기뻐하던 시간, 고민과 갈등으로 때로는 보람으로 지나온 방공포병으로서의 생활, 중령 진급을 그리도 축하해주었던 부모님, 쉽지 않았던 대령 진급 그리고 더없이 감사하였던 장군 진급 발표의 가슴 벅찬 시간들까지….

아내는 더 이상 나를 설득하지 않고 낮은 목소리로 "그럼,

당신 생각한 대로 하세요"라고 짤막하게 말했다. 그런데 참, 사람이라는 것이 이상하기도 했다. 막상 아내가 이후 추가 사고가 나면 군을 떠나겠다는 나의 말을 그리 쉽게 받아들여 준 것 자체가 한편으론 놀랍고 서운한 생각이 들기도 했다. 더 진지하게 나를 설득해서 "그래도 군 생활은 계속해야 하지 않겠어요"라고 해야 하는 게 아닌가 하는 묘한 생각이 얼핏 스치기도 한 것이다.

결국 나는 '지휘관으로서 내 역량이 부족해서 그렇다'라고 결론을 내리고 마지막으로 내 의지를 보여주겠다는 결심을 했다. 전국에 있는 여단 예하 소속 하사들을 다 집합시켰다. 내 기억으로 19개 부대에 234명의 하사가 근무했다. 중북부 지역 등에 배치되어 있는 부대 특성상 하루에 전체 하사 모두를 모이게 할 수는 없으니, 보름에 걸쳐서 일곱 차례 교육을 했다.

오기를 부리는 게 아니라 이게 정말 내 잘못인지, 하사들의 잘못인지, 아니면 우리 모두의 잘못인지 알고 싶었고 그 누구도 감당할 수 없는 이 크나큰 아픔의 반복에 마침표를 찍고 싶은 절박한 심정이었다 그러면서 누가 그렇게 하라고 시킨 것도 아닌데 죽기 아니면 까무러치기라는 생각으로 권총을 차고 교육장에 들어갔다.

교육장 탁자에 가장 먼저 권총을 '탁' 하고 올려놓았다.

‘적을 죽이지 않으면 내가 죽는다’라는 총이 가진 의미를 하사들이 알았으면 하는 여단장의 절절한 마음을 표현한 것이다. 음주 사고는 모두 적이고 지금 그 적을 쏴 죽이지 못하면 여기 있는 사람 중에 내일, 아니 다음 달에 누가 또 죽을지 모른다는 엄중한 메시지였다.

사고 당사자 계급이 하사라고 해서 교육받으러 온 하사들이 미웠던 것은 아니다. 그들에게 자기관리의 중요성을 알려야 한다는 생각뿐이었다.

그 교육 이후부터는 참모와 부하들을 믿고 당당하게 업무를 추진해나갔다. 지금도 기억나는 일이 하나 있다. 그 와중에 작전사령부 주관의 전투 준비태세 검열을 수검하게 되었는데 한 달 후 전역하는 준사관부터 전역 휴가를 앞둔 병장들에 이르기까지 모두가 자신들의 역할을 다하기 위해 휴가도 반납하고 스스로 검열에 참여한 것이다. 2층 여단장실에서 검열에 참여하고 있는 부하들의 모습을 바라보며 정말 많이 놀라고, 그 순간 뜨거운 그 무엇이 내 마음에 자리하고 있음을 느꼈다. 다시금 생각해도 참으로 고마운 일이 아닐 수 없다.

이상하게도 그 후 사고가 발생하지 않았고, 부대가 안정되어갔다. 서로가 주어진 상황을 이해하고 공감하며 서로를 위하자는 생각이 이리도 큰 힘을 발휘할 수 있단 말인가?

이것이야말로 진정한 공감을 통한 부대 관리 = 사람 관리가
아닐까 싶었다.

부하가 지휘관을 따르는 이유

늘 "나는 부하들을 위해 최선을 다하고 있다"라고 공언하
던 예하 포대장이 있었다. 내가 볼 때도 그 포대장은 열정적
으로 부하를 챙겼다. 한 달에 한두 차례씩 회식을 시켜주며
신분별 대화 자리를 만들고 평상시에도 격려와 소통을 강
조하며 노력했다.

그런데도 부하들의 원성이 자자하고 초급 간부들이 전역
하겠다는 소리가 계속적으로 들려왔다. 그 포대를 더 깊게
살펴보았다. 간부 네 명을 데리고 포대장이 식사하러 갔는
데 처음부터 끝까지 말하는 사람은 포대장뿐이었고 간부들
은 2시간씩 멀뚱히 앉아서 듣기만 했다는 것이다. 이런 일
이 한두 번에 그쳤다면 열정이 넘치는 포대장이 격려의 말
을 해준다고 여길 수도 있다. 그러나 회식할 때마다 똑같은
상황이 반복된다면 어떨까? 포대장은 자신이 상호 대화를
통해 부하 관리를 잘하고 있다고 여기겠지만 그것은 일방
적인 지시 전달일 뿐이다.

그 포대장을 불러서 세 차례나 교육했다. 절차나 규정과
관련된 일이라면 조치를 하면 되지만 이는 한 번의 교육으

로 끝날 문제가 아니었다. 그 포대장은 나중에 또 다른 곳에서 포대장 직책을 수행해야 하고 대대장이 될 수도 있는 인재였다. 그래서 처벌을 하는 것이 옳은지, 본인이 스스로를 인정하고 개선하여 변화하도록 지도하는 것이 옳은지 고민을 많이 했다. 결국 시간은 걸리지만 주의를 주면서 스스로 변하도록 기회를 주었다.

지금 이 순간 예하 포대장, 대대장들은 최선을 다해 열정적으로 근무하는 자랑스러운 군인들이다. 나는 그들이 포대장, 대대장이라는 이유만으로 100퍼센트 인정한다. 그런 만큼 그들을 믿고 부대를 지휘할 수 있도록 사령관으로서 신뢰를 주어야 하고 그에 걸맞은 충분한 권한이 주어져야 한다. 하지만 권한에는 책임이 따름을 명심해야 한다.

때로 지휘관 한 사람의 행동에 따라 부대 전체가 달라지기도 한다. 지휘관의 행동이 적절하다면 칭송받지만 잘못된 방향으로 이끌 때는 책임을 면할 수 없다. 그렇기에 지휘관의 역할은 결코 쉽지 않다. 부하들에게 끊임없이 관심을 기울여 관리해나가고, 부대가 추구하고자 하는 목표와 역할 그리고 자신이 제대로 된 방향으로 향하고 있는지 항상 되묻는 성찰의 시간이 필요하다.

가장 크게 얻은 것은 결국 사람이었다

격오지 방공포대에는 차량이 40여 대가량 있는데 전문 정비사가 아닌 정비병만 근무해 어이없는 차량 사고가 빈번하게 일어났다. 공군본부에 인원 보임을 건의해도 형평성 문제 등 여러 상황으로 인해 쉽게 해결되지 않았다. 결국 현실을 받아들이고 현장 지휘관인 포대장에게 부담을 지우고 가야 했다. 일선 포대는 비단 수송 분야뿐 아니라 보급, 시설, 통신 등 많은 부분에서 인력이 부족한 상태에서 임무를 해야 한다.

여단장으로서 이런 상황을 잘 알기에 포대장들에게 늘 미안한 마음을 갖고 있었다. 그래서 잘못한 일이 있어도 크게 질책할 수 없는 경우도 많았다. 상급 부대인 여단과 사령부가 지원을 못 해주어 문제가 발생하는 경우가 잦았기 때문이다. 사령관조차 해결해줄 수 없는 부분은 잘 이해시키고 다독이며 현재 여건에서 최선을 다하도록 지휘하는 수밖에 없는 것이 현실이었다.

하지만 분명하게 그냥 넘어갈 수 없는 경우도 있다. 한 번은 여러 가지 좋지 않은 사건이 연이어 발생하고 있는 포대의 간부를 전부 교체하라는 지시를 내린 적이 있었다. 포대에서 계속해서 사고가 발생하는데도 간부들이 별다른 경각심을 가지고 노력하지 않는 것으로 파악됐기 때문이었다.

선배가 후배를 교육시켜 사고를 예방하는 기본적인 부서별, 신분별 교육이 제대로 진행되지 못한 것이다.

간부들을 전부 교체하니 부작용도 있었다. 원래 부대에서 잘 근무하던 애꿎은 간부들이 졸지에 이동해 왔으니 불만도 많았다. 그 포대가 다시 안정을 찾기까지 적지 않은 시간이 걸렸으나 극단적인 방법을 통해 조직에 경각심을 불러일으켜 조직을 안정시킬 수 있었다.

4년여간 여단장으로 근무하면서 적극적으로 나서서 사람 관리를 했다. 나는 특히 사람과 사람을 이어주고, 그 안에서 서로의 부족함을 채우고, 함께 격려해나갈 수 있도록 하는 데 중점을 두었다.

정기적으로 당시 부관과 전역한 부관, 운전병들과 함께했던 모임, 부대원의 자기계발을 위해 미군과 협업하여 만든 영어회화 모임, 지역사회와의 공조를 위해 민·관·군 협의체나 천안기업인협의회, 지방자치단체와 소통했던 것 등이 특히 기억에 남는다. 지휘관으로서의 짧지 않은 시간 동안 여러 가지 일이 있었고 다양한 상황을 경험하였으나 결과적으로는 많은 사람과 소중한 인연을 맺었다.

무엇보다 사건사고가 많았던 2여단장직을 이임하고 떠나올 때는 나 역시 인간이기에 지난 시간을 회상하면서 감정을 억누르기 어려웠다. 아픈 마음이든 감사한 마음이든 2여

단에 마음을 많이 주었기 때문이었다. 부모가 되어보니 아
픔을 주고 속을 썩인 자식 쪽에 더 마음이 간다는 어느 분의
말씀처럼.

거인의 어깨:

나를 성장시킨 사람들

영국의 과학자 아이작 뉴턴(Isaac Newton)이 같은 과학자 로버트 훅(Robert Hooke)에게 보낸 편지에 이런 구절이 있다고 한다.

"제가 더 멀리 보았다면, 그것은 거인들의 어깨 위에 서 있었기 때문입니다."

여기서 거인의 어깨는 뉴턴보다 앞서서 큰 성취를 이루어 낸 사람들을 뜻한다. 뉴턴은 그들의 업적이 있었기에 자신이 과학적 성취를 이루어냈다며 감사를 표한 것이다.

비단 과학계에만 거인의 어깨가 있는 것이 아니다. 또한 꼭 과거의 사람이나 나이가 많은 사람만이 거인의 어깨 역할을 해줄 수 있는 것도 아니다. 지금 우리의 곁에도 수많은 거인의 어깨가 우리의 성장과 발전을 돕고 있다.

나에게는 군이나 일반 조직에서 중요하다고 하는 출신, 학연, 지연, 혈연 등의 이점이 없었다. 그런데도 방공포병으로서 도달할 수 있는 가장 최고의 지위에 올랐다. 뒤돌아 곰

곰이 생각해보니 나에게도 이런 거인의 어깨가 있었음을 깨달았다.

그중에서도 나에게 가장 큰 영향을 준 세 명의 장군에 대해서 말하고 싶다.

첫 번째 거인의 어깨, 생각과 경험을 나누다

어느 대령 장교가 전역하면서 군대 생활 중 아쉬움이 남는 단 한 가지는 공군본부에서 근무해보지 못한 것이라고 할 정도로 공군본부는 모든 공군 장교가 일하고 싶어 하는 곳이다. 나 역시 위관급 시기 그러한 생각을 가지고 막연하게 동경하기도 했다. 그러나 막상 공군본부에 보임을 받고 갔을 때 그곳에서의 생활이 결코 쉽지 않음을 철저하게 깨달았다. 이래서 공군본부이구나 생각할 정도로 매일이 피나는 노력과 도전의 연속이었다.

1995년 4월, 나는 무등산 포대장을 마치고 공군본부에서 첫 근무를 시작했다. 방공포병과 방공포병무기발전장교로 다른 기능 분야인 조종, 방공통제, 통신, 군수 분야 등과 협력해 방공포병부대의 전력을 정책적, 제도적으로 지원하는 업무를 맡은 것이다. 특히 조종 분야와의 협력이 중요했는데 공군본부에서 조종 분야 담당자로 첫 인연을 맺은 이가 당시에는 중령이었다가 공군참모총장으로 전역한 이 장군님이었다.

그때는 공군방공포병사령부가 육군에서 전군한 지 만 4년이 채 되지 않은 시기라 아직 공군이 방공포병을 이해하기 위해 많은 노력과 정보 공유를 해야 하는 단계였다. 이로 인해 유관 부서에서는 시도 때도 없이 우리 부서에 상당량의 자료를 요청할 수밖에 없었고 그 결과 상호 간에 불편함과 불만이 팽배해 있었다.

그렇지만 이 중령과 나는 서로 존중과 배려심을 가지고 업무 협력을 할 수 있었다. 나는 작은 부분까지 세심하게 파악해 지원을 아끼지 않았던 이 중령의 조언과 격려가 고마웠기에 그가 필요로 하는 자료를 적극적으로 제공하였다. 그러다 보니 때로는 내 업무가 지연되어 선임 장교에게 한 소리를 듣기도 했다.

특히 그와 나눈 공군 전력 운영 전반에 대한 깊이 있는 대화는 당시 일선 전투부대에서만 근무하였던 나의 시야를 크게 넓혀주었다. 영관급 장교끼리 서로의 생각과 판단, 지식을 나눈 경험은 후일 또 다른 역할 수행에 큰 도움이 되었다고 자평할 수 있다.

이후에도 공군참모총장님과 나는 공군 내에서 계속되는 인연으로 귀한 만남을 이어갔다. 사람의 모든 만남은 귀하지만 그와의 인연은 정말 특별하고 의미가 깊었다.

두 번째 거인의 어깨, 차별 없는 인정과 격려를 경험하다

대령으로 진급한 나는 공군본부 방공포병 과장으로 보임이 되었고, 얼마 지나지 않아 이 장군님(공군작전사령관으로 전역)이 소장으로 진급하여 공군본부 정보작전참모부장으로 오셨다.

당시 나는 공군본부와 방공포병사령부와의 중간자적 위치에 있으면서 역할을 어떻게 해내야 하는지 난감한 상황에 종종 처하곤 했다. 특히 공군본부나 정보작전참모부장의 지침이 방공포병사령부의 운영 방향과 대치될 때의 곤혹스러움은 말로 표현할 수가 없었다.

어느 날 오후, 내가 부장실에서 작성된 자료를 보고하고 있을 때 전화가 걸려 왔는데 수화기 너머로 갑자기 큰 목소리가 터져나왔다.

당시 우리 방공포병 분야는 노후한 무기 체계를 교체해야 했는데 전화기에서 공군본부 방공포병 과장으로 내가 중간에서 제 역할을 못 하고 있다는 불평의 말이 나온 것이다.

순간 이 장군님은 자리에서 벌떡 일어나더니 창가로 이동하며 자신이 잘 알아서 조치할 테니 염려 마시라고 상대를 설득하셨다. 또 내가 열심히 하고 있다는 말도 빼놓지 않고 해주셨다.

나는 애써 모른 척하고 그 사무실을 나왔지만, 당황스러운 순간에도 부하의 입장과 선배 장군의 입장을 상호 존중해가면서 부드럽게 통화하는 그분의 모습은 꽤 오랜 시간 기억 속에 자리하게 되었다.

이후에도 이 장군님은 인상 깊은 업무 처리 모습을 보여주었다. 아무리 바빠도 부하들이 보고한 결재 서류는 어떻게든 당일 내로 신속하게 처리해주어 원활한 업무 수행 여건을 마련해주기 위해 애썼고 하루에도 수십 건에서 수백 건에 이르는 지시사항, 지침 역시 유연하게 처리해나갔다. 이 장군님은 서로가 너무나 바빠 대면하기 어려운 현실을 고려하여 언제 어디서나 메일을 통해 해당 업무의 중요성과 추진 방향, 향후 기대효과 등을 세심하게 공유해주었고, 그 결과 빠른 업무 수행이 가능하였다. 상호 존중의 대인관계와 중요 사안의 적시 판단으로 업무 추진의 우선순위 선정과 효율적인 진행이 가능하여 정책 업무 수행이 매우 매끄럽게 진행된 것이다.

누구나 각자의 입장에서 매시간 바쁘기 그지없다. 이 장군님의 모습을 보고 나는 나에게 주어진 역할과 상대방의 업무를 어떻게 조절해야 할지 많은 것을 느끼고 배웠다. 그분은 군 생활과 사회생활에서 나의 언행이나 상황 판단, 상대방과의 관계 맺기 등에 적지 않은 영향을 끼쳤다.

특히 그분이 작전사령관으로 근무할 때, 나는 예하 부대 여단장으로서 세 명의 부하를 부대 외에서의 사고로 인하여 연달아 잃는 치명적인 부대 관리상의 아픔을 겪었는데 그때도 그분은 그간의 신뢰를 바탕으로 격려와 조언을 아끼지 않으셨다.

세 번째 거인의 어깨, 규율과 조율의 필요성을 배우다

육군 출신 권 장군님과는 여러 차례 함께 근무했는데, 그분은 싹수가 보이는 놈, 공감되는 놈을 더 엄하게 혼내며 성장시켰다. 강하게 키워서 살아남는 부하를 끝까지 끌어주며 따라오게 하는 방식이었다. 하지만 출신은 전혀 따지지 않았다. 만약 따라오지 못하면 육군 출신이라도 그분 눈밖에 났다. 그렇게 업무 수행과 역할에 대한 기준을 명확하게 적용하는 분이었다.

업무를 할 때 엄한 모습을 자주 보였기에 내가 3여단에서 참모로서 여단장인 그분을 모실 때 1시간 반, 2시간씩 차렷 자세로 서서 혼나는 일이 가끔씩 발생했다. 혼을 내는 소리가 부관실까지 다 들릴 정도로 격하게 꾸짖었는데, 보고하러 들어가서 한참 후 불그스레 달아오른 표정으로 여단장실을 나올 때는 부관실의 간부고 병사고 할 것 없이 당황하여 다 나를 쳐다보지 못했다.

늘 이렇게 혼내기만 했다면 나의 자존감이 바닥으로 떨어졌을 것이다. 하지만 그 외 시간에 틈틈이 나의 출신이나 배경과 상관없이 주어진 역할에 정성을 다하여야 하는 이유와 중요성을 강조해주시기도 했다. 또 잘한 일은 칭찬과 인정으로 능력을 최대치로 끌어 올려주어 스스로 현실을 더 명확하게 바라보며 야전 군인으로 성장할 수 있도록 지도해주었다. 그랬기에 아무리 혼이 나도 지적한 부분을 고쳐나가며 자신감을 더 키워갈 수 있었다.

무엇보다 권 장군님은 틀린 말씀을 하는 경우가 없었다. 논리가 아주 명확하고 철저했다. 그래서 조금은 억울한 부분이 있어도 결국 수긍할 수밖에 없었다. 내가 여단장이나 사령관이 되어서도 규정이나 절차를 꼭 확인하는 것도 그분께 배운 습관이다.

그렇지만 사소한 잘못 하나도 그냥 넘어가는 법 없이 일일이 지적하고 혼을 냈기에 존경하는 마음 한편으로 그 교육 방식을 '나만의 업무 수행 방식'에 모두 적용하지는 못했다. 우선 그분과 나는 성향 자체가 조금 달랐다. 그분의 부하 지도 방식에 사랑이 없다고는 할 수 없으나 사랑의 표현 방식이 서로 달라서 때로는 상처를 줄 수도 있다는 느낌을 받았다. 나는 부하들을 강하게 밀어붙이는 것도 필요하지만 때로는 업무 적응과 역할 수행이 어려워하는 부하를 잘 보듬어 성장시키는 것도 지휘관의 역할이라 생각한다.

두 차례 여단장직을 수행하면서 항상 규정과 절차를 엄격하게 지키는 것과 또 조율이 필요한 부분을 융통성 있게 적용하는 것 사이에서 중심을 잡으려고 항상 애쓰게 되었다. 이는 그분이 아니었으면 배우지 못했을 방식으로, 방공포병으로 근무하며 성장하는 곳곳에 그분의 흔적과 모습이 남아 있다. 전반적으로 그분의 배려와 지도를 받을 수 있었음에 늘 감사하고 있다.

물론 현재의 모습이 되기까지 셀 수 없는 거인의 어깨가 있었겠지만, 특히 위 세 분의 어깨는 내게 큰 힘이 되어주었다. 이들과의 인연이 지금의 나를 만들었다.

또 다른 눈과 귀:

유능한 참모들

"전역 후 가장 크게 느끼는 허전함은 무엇인가요?"

누군가 이렇게 묻는다면 반은 농담이지만 나는 제일 먼저 이렇게 소리칠 것 같다.

"부관, 보좌관, 참모들아, 너희들 지금 어디 있니?"

그만큼 내가 여단장과 사령관을 할 때 그들이 큰 역할을 해주었기 때문이다.

2010년 12월 27일, 30여 년간의 군 생활에서 처음으로 전속 부관이 나에게 배치되었다. 그 순간, 내가 부관과 함께 일할 수 있는 장군의 위치에 올랐다는 사실 자체도 감격스러웠으나, 이들과 많은 일을 함께할 생각에 열정이 불타오르기도 했다.

계급이 중위인 부관과 대위, 소령인 보좌관은 어떻게 보면 가족보다도 더 많은 시간을 같이하며 내가 미흡한 부분이 없도록 근거리에서 세심하게 파악하여 도움을 준다. 그들은 시의적절한 판단뿐 아니라 언행과 처신을 적절히 하도록 조언하는, 그야말로 나의 또 다른 눈과 귀가 되어주는 부하이다.

한 번은 부관이 외부 활동을 나가려는 나를 세우고 위에서부터 쭉 훑어보는 것이 아닌가. 내가 장난스럽게 "너 뭐하냐?"라고 물으니 내 복장을 살펴보았다고 한다. 머리부터 계급장, 명찰 등 공개석상에서 흐트러지면 안 되는 복장과 용모들을 점검한 것이다. 내 얼굴에 무언가가 묻었을 때도 말해줄 사람은 부관밖에 없었다.

되돌아 생각해보면 내 부관과 보좌관은 정말로 스마트한 장교들이었다. 나의 작은 관심과 행동, 눈길을 파악하고 심지어는 내가 인상을 찌푸린 이유까지도 찾아내는 센스 넘치는 이들이었다. 다른 참모들도 마찬가지이지만 좋은 부관과 보좌관을 만났다는 점은 내게 그야말로 큰 행운이었다.

지휘관 혼자서는 아무것도 하지 못한다

국회의원들의 사령부 방문을 앞두고 갑작스럽게 일정 변경을 해 내가 직접 브리핑에 나가야 했던 적이 있었다. 오랜만에 브리핑을 준비하다 보니, 여러 가지 생각이 들었다.

나도 말로는 회의 때마다 보고하는 참모들에게 "브리핑하느라 고생했다"라고 했지만, 다시금 직접 해보니 그 고충을 체감할 수 있었다. 한 번의 브리핑을 위해 내용을 쓰는 사람, 파워포인트를 만드는 사람 등 보이지 않는 곳에서도 여러 사람이 많은 시간을 들여 수고하고 있었다. 직접 브리핑을 하는 참모 또한 모든 질문에 답하기 위해 내용을 얼마나 열심히 파악하고 준비하는지 실감했다.

나도 자존심이 있으니 이 브리핑을 잘해내고 싶었다. 무엇보다 사령관이 브리핑했을 때 문제가 생기면 파장이 적지 않다. 국회의원의 질문에 잘못 답변하면 황당한 결과가 나올 수 있는 것이다.

당시 주중뿐 아니라 주말에도 해야 할 업무가 꽉 짜여 있어 시간이 넉넉하지 않았다. 최대한 시간을 내 연습했고 브리핑 전날 밤에는 잠도 자지 않고 새벽까지 계속 내용을 숙지했다. 그때 부관, 보좌관은 매 순간 나와 함께했다. 전날 밤에는 "괜찮으니 어서 들어가라"라고 빈말 아닌 빈말을 했는데도 끝까지 남아서 연습을 도왔다. 그야말로 지극한 충심이었다.

지휘관 혼자서는 모든 부분에서 다수의 생각과 예상을 뛰어넘어 뛰어나게 업무를 수행한다는 것이 힘들다. 지휘관은 부관, 보좌관, 참모들과 함께 건의사항과 보고 내용을 검토해 지휘관으로서 결정을 내리는 것이지 처음부터 끝까지 모든 것을 다 해내는 사람이 아니다. 그러니 지휘관에게는 정말 유능한 참모가 필요하다.

결론적으로 유능한 참모들 덕분에 짧은 준비 시간에도 불구하고 당당하게 브리핑을 마칠 수 있었다. 나 역시 노력했지만, 참모들은 세밀한 부분까지 챙겨가며 적극적으로 조언해주었다. 답변 내용뿐만 아니라 동작이나 어조까지 "이렇게 하시는 게 좋겠습니다" 같은 말을 해준 것이다.

이후 예하 부대에 보내는 사령관 격려 영상에 그때의 기억을 떠올리며 "지휘관은 참모와 함께하여야 된다"라는 내용을 담았는데 그것은 절대 빈말이 아니었다.

때로는 어시스트가 더 중요하다

부관과 보좌관의 인연을 맺은 이들에게 내가 나누어줄 수 있는 것은 군 생활에서 겪은 나의 시행착오를 이들은 한 번이라도 덜 겪도록 도움을 주는 것이라고 여겼다. 그래서 은연중 사석에서, 차량 이동 중에, 각종 지휘 활동 중에 내가 왜 지금 강한 어조로 말하는지, 외 화를 내야 할 상황에서 오히려 칭찬하고 있는지, 또 어떤 곳에서는 격려해주어야 할 것 같은데 왜 화를 내는지 등의 이유와 관점을 그들과 공유했다.

축구를 잘하는 부관에게도 마찬가지였다. 그는 전투체육 때마다 자신의 축구 실력을 유감없이 발휘해 골을 넣었기에 모두에게 축구를 잘한다는 칭찬을 들었다. 서너 차례 그런 모습을 지켜보다가 그 부관에게 조용히 질문했다.

"부관, 축구는 몇 명이 하는 거지?"

"지금 누구와 축구를 하고 있지?"

부관은 내 질문을 전혀 예상하지 못했는지 순간 당황했다. 그러나 곧 질문 의도를 이해하는 눈빛을 띠었다. 군대에서 하는 축구는 스타플레이어를 발굴하는 것이 목표가 아니라 팀워크와 상호 배려, 이해를 느끼게 하는 활동이다. 그렇기에 혼자 기뻐하기보다 팀 구성원 모두가 좋아할 수 있는 축구를 해야 한다.

"서너 차례 부관의 축구 실력을 충분히 어필했으니, 이제부터는 팀원이 함께하는 축구를 통해 기쁨과 만족감을 다른 팀원도 같이 느끼도록 멋진 어시스트를 하는 게 어떻겠나?"

내 말에 고맙게도 부관은 밝은 표정으로 대답했다.

"네, 알겠습니다. 사령관님, 제가 미처 생각하지 못하였습니다. 말씀 감사합니다."

이후 기회가 생길 때마다 내가 겪었던 동기급 동료들과의 진급 경쟁 이야기뿐만 아니라, 부대 순위 경쟁 등에서 항상 1위를 하는 것보다 2, 3위를 하는 것이 더 발전할 수 있다는 말 등을 해주었다. '모난 돌이 정 맞는다'라는 속담이 있다.

이는 백 명의 아군보다 한 명의 적이 더 무서울 수 있다는 의미로, 때로는 두각을 나타내는 것이 좋기만 한 것은 아니기 때문이다.

물론 이런 이야기를 할 때 잔소리가 되지 않도록 조심했다. 친구처럼 자연스러운 대화가 될 수 있도록 했는데, 무엇보다 나는 서로의 생각과 경험을 공유하는 관계에서 굳이 사령관과 부관이라는 계급을 먼저 떠올리고 싶지 않았다.

때로는 정확한 역할 제시도 필요하다

2, 3여단장과 사령관을 하면서 일곱 명의 부관, 보좌관과 함께했다. 그중에서 굉장히 똑똑한 부관이 있었는데 그는 오히려 여러 차례 나에게 혼이 났다.

그 부관은 처음 만났을 때부터 인상이 무척 좋았다. 무엇보다 민첩하고 센스가 뛰어났다. 하지만 함께한 지 4~5개월이 지나면서 너무도 똑똑한 이 부관은 내 의사에 앞서서 일을 처리하기 시작했다.

내가 참모를 호출하면 부관은 내가 왜 그 참모를 불렀는지 알고 있을 수밖에 없다. 가령 참모를 야단치려고 불렀다면 부관이 미리 참모에게 그 점을 귀띔해주었다. 그렇게 참모가 이미 감을 잡고 집무실에 들어오게 되니 참모를 교육시키려던 내 의도는 퇴색되어 버렸다. 또 누군가를 조용하게 선발해야 했는데 부관에게 사전 배경 확인을 시키다 보니 선발 의도가 알려져버리기도 했다.

그 부관의 입장에서는 지휘관을 좀 더 편하게 모시고자 직접 참모들과 조율하면서 일을 해나간 것이었다. 그러나 보좌관이나 부관은 먼저 알게 된 일도 그 일이 끝날 때까지는 모르는 척하며 일해야 하는 경우가 많다. 반대로 어떤 경우에는 잘 모르는 일이라도 알고 있는 척해야 할 수도 있다.

그래서 당시 이 부관에게 정말 심한 소리를 한 적이 있었다. 그러나 성격 자체가 워낙 좋았고 근본 생각이 나쁘지 않았으며 지혜로웠기에 이해가 빨라 점점 자신의 역할을 잘 수행해냈다. 변해가는 부관의 모습을 보고 나는 큰 고마움을 느꼈다. 또 진심어린 관심과 애정을 주면 모든 사람이 좋은 방향으로 충분히 변화될 수 있음을 느낄 수 있었다.

더 살펴야 하는 사람들:
모두가 소중한 군 장병

　어느 조직이나 그 내부에는 힘들어하고 소외되는 계층이 있다. 내가 오랜 시간 생활해온 군 조직 내에도 당연히 그런 계층이 있다. 계급을 기준으로 한다면 저계급자인 병사이겠지만 여성인력, 하사, 소위, 중위도 그에 못지않게 배려가 필요한 계층이다.

　나는 늘 소수와 소외 계층 집단에 더 큰 관심과 눈길을 주었다. 그 이유는 내가 강원도 태백 출신이라 어려서부터 힘든 이들을 접했고, 공군항공과학고등학교를 나와 부사관의 어려움을 직접 경험했으며, 2사관학교 출신에 따른 다른 점을 느꼈다는 점이 크게 작용했다. 그런데 인성과 천성, 종교 역시 어느 정도는 영향을 미쳤다그 본다.

　함께하는 사람으로서 우리는 주변에 힘들어하는 사람이 없는지 돌아보아야 한다. 그것은 동정이 아니라 인간으로서 가져야 하는 당연한 의무이다. 그들은 무시할 수 없는 우리 시대를 함께 살아가는 동료이기어, 우리는 모두가 행복해지는 방향을 찾아야 한다.

한 연구에 의하면 사람 간의 거리가 멀어지면 멀어질수록 인정이 메말라버리고, 치안이 무너지며, 사회가 불안정해지기에 결국에는 그 어느 누구도 잘살 수 없는 시대가 된다고 한다. 어느 조직, 그룹에서든 약자나 힘들고 어려운 이들을 배려하는 것이 바로 나 자신과 우리를 챙기는 일이다. 특히 지휘관은 자기 부대 내 약자와 소외계층을 살피는 것이 반드시 필요다고 생각한다. 그래야 비로소 그 부대의 기본이 바로 서서 군이 본연의 역할에 충실할 수 있기 때문이다.

고통받는 병사가 한 사람도 없기를

부모가 국가를 믿고 맡겨준 일반 병사들을 군 복무 기간 이후 무사히 가정으로 돌려보내는 것은 군의 의무이다. 그런데 처음부터 군 복무 적응에 어려움을 느끼는 이들이 있다. 복무 부적응자, 공황장애 환자, 가정불화로 정신이 피폐한 자, 체력이 안 되는 병사들이 어찌어찌 신검과 훈련을 통과하고 부대에 배속되기도 하는 것이다. 특히 방공포병은 전투부대이기 때문에 활동량이 다른 부대보다 많고 야전성이 강해 즉각적이고 예민한 대응이 필요하다. 그러니 이런 병사들은 적응을 더 힘들어할 수밖에 없다. 하지만 부적응 병사들에 대한 의가사 전역 절차가 너무 어려워 포대장이 이들을 다 안고 가야 하는 경우가 많기에 이로 인해 여러 어려움과 문제가 발생한다. 이들에게 관심과 필요한 도움을 주어 안정적으로 군 복무를 마칠 수 있도록 군 전체가 지원해야 한다.

한 번은 자유분방하고 예술가 기질이 강한 병사가 내가 여단장으로 있는 부대에 배속되었다. 이 병사는 잦은 훈련 포기와 규율 미준수로 부대 내에서 관심사병으로 찍혀 따돌림까지 받고 있었다. 나는 일부러 그 부대를 방문해 티 나지 않게 그 병사와 접촉해 대화하면서 문제의 원인을 진단하고자 노력했다. 여러 이야기를 나누다 그 병사가 사진을 잘 찍는다는 말을 듣고 그를 정훈실 쪽으로 보직 변경하는 게 가능한지 검토해보았다. 다행히 조정이 되어 그곳에서 근무토록 조치하였다.

이후 그 병사는 예술가적 기질을 살려 정훈실에서 매사에 적극적으로 참여하며 군 적응을 매우 잘하고 있다는 이야기를 나중에 보고받았다. 놀랍게도 내가 전역한 이후에 미국에서 의외의 전화가 왔는데, 전화의 주인공은 바로 정훈실의 그 병사였다. 그는 감사의 말을 전했고 지금도 가끔씩 미국 생활을 내게 전해주고 있다.

우리가 문제 병사라고 생각했던 이들 중에는 조금의 도움과 배려만 제공되어도 충분히 자신의 역할을 수행할 수 있는 이가 대부분이다. 물론 그렇게 되기까지 해당 부대 지휘관, 참모, 간부, 주변 동료들의 도움이 함께하여야 한다. 그렇게만 된다면 우리가 관심병사라고 말하는 안타까운 상황을 조금이라도 줄일 수 있지 않을까 생각한다.

또 한 번은 거리가 먼데다 가정형편이 매우 안 좋아 휴가를 나갔다 올 때마다 힘들어하던 병사가 있었다. 조금 배려를 해서 집과 가까운 부대로 옮겨주어야겠다고 내 나름 판단을 해 제안했는데 그 병사의 대답은 의외였다. 그건 형평성에 어긋나는 일이니 어렵더라도 여기서 열심히 하겠다는 것이 아닌가. 주임원사와 함께 겨우 설득해서 근무지를 옮겨주었고 위로 휴가와 포상 휴가를 가능한 범위 내에서 조치해 가족을 돌볼 시간을 주었다.

이렇게 어려운 환경에서도 반듯하고 올바르게 생활하는 병사들의 모습을 보면 내가 무엇을 더 나누어줄 수 있을까 고민하게 된다.

여단장이 되면서는 도움·배려 병사들 개개인에게 인트라넷 메일을 쓰기 시작했다. 한 명 한 명에게 힘이 되는 말, 격려와 인정의 메시지를 보내고 답장이 오면 또 답을 해주었다. 당시 영관장교일 때만큼이나 추가 근무도 하고 주말까지 출근하며 해당 병사와의 대화를 챙겼다. '내가 장군이면 어떻고 여단장이면 어떠한가. 지금 이 순간 고통받는 내 부하가 또는 어떤 한 사람이 위로받고 마음을 다잡을 수만 있다면 내가 조금 힘들고 어렵더라도 그것은 문제가 아니다'라고 생각했다.

또 나는 전입 장병 간담회에 많은 정성을 쏟았다. 군인으로 입대하여 기본 군사훈련을 받고 우리 부대에 처음 들어온 장병들이 어떤 생각을 하는지, 어떤 마음인지 살펴 그들이 불안하지 않은 가운데 군이라는 또 다른 환경에 적응할 수 있도록 노력한 것이다.

전입 장병에게 내 목소리와 얼굴을 들려주고 보여주면서 최후에 순간 믿고 의지할 끈이 있음을 알려주고 싶었다. 사람은 철저히 혼자라는 생각이 들 때 무너진다. 누군가와 이어져 있다는 확신은 희망이 된다. 어찌 보면 방공포병부대의 근무 환경이 다른 부대보다 열악하였기에 그에 걸맞은 노력을 해야만 하는 것으로 생각했다.

폭넓게 소통하는 제도를 만들다

2여단에서 여러 명의 하사를 음주 운전으로 잃은 다음 나는 하사들이 자부심을 갖고 능동적으로 군 생활을 하도록 그들에게 맞는 리더십을 부여할 방법을 고심했다.

초급 하사는 아직 군 경험이나 업무 지식, 병력 통솔 면에서 부족하고 미흡한 시기에 있기에 어느 것 하나 자신 있게 판단하고 처신하기가 어려운 현실이다. 그렇지만 간부라는 이유만으로 나이, 계급, 경험을 초월하는 책임감을 요구받고 잘해내지 못한다는 질책을 받는다. 동시에 병사들에게는 존중과 존경의 대상이 되기보다는 쓸데없는 자존심과 경쟁의 대상으로 여겨지기도 했다.

나는 간부 세계에서 제대로 간부로 인정받지 못하는 위상과 병사들과의 심리적 경쟁으로 인하여 초급 하사가 입대할 때 가졌던 포부를 잊고 부대에 적응을 못 해 사고를 일으킬 확률이 높아진다고 여겼다.

그래서 고안해낸 것이 '대표하사' 제도였다. 대표하사를 뽑아 다양한 회의에 하사 대표로 참석하여 지휘부에 직접 의견을 개진하고, 각종 부대 단합 활동을 계획·실행하도록 하며, 병사들의 대표인 '으뜸병사'와 협력해 병영문화 혁신 활동을 하게 한 것이다.

나는 하사들의 자긍심을 고취시키고 안정적인 복무 환경을 만들어주고자 3여단에서도 대표하사 제도를 정착시키기 위해 정기적으로 워크숍을 열고 이들과 메일을 주고받으며 끊임없이 대화했다. 이러한 노력의 결과인지 3여단에서는 사건사고가 크게 줄었다.

당시 하사들은 뚜렷한 계획 없이 살 수밖에 없었다. 그런

이들에게 '나는 무엇을 위해서 여기에 왔는가', '누가 나를 인정해주고 내 말에 귀를 기울여주는가', '나는 무엇을 해야 하는가' 같은 의문을 스스로 생각하고 스스로 답을 얻게 해 주기 위해 노력했다.

하사 때 어떤 생각을 가지고 군 생활에 임하느냐는 매우 중요하다. 하사 시절을 거치지 않은 중사, 상사, 원사는 없다. 출발점에 있는 이들이 군 생활을 보다 긍정적으로 바라보도록 하사들의 자존감을 높여주고 싶었다.

2013년 공군 방공유도탄 3여단에서 시작된 이 대표하사 제도는 2018년에는 전 공군으로 확산해 정식 운영되었다.

주임원사는 부대의 안방마님

소외 계층은 아니지만 군대에서 힘든 사람의 이야기를 하면서 주임원사를 빼놓을 수는 없다.

사회생활의 최소 단위가 아버지, 어머니를 중심으로 딸, 아들로 구성되는 가정이라는 것은 모두가 잘 알 것이다. 그런데 군에도 아버지와 어머니 역할을 하는 이들이 존재한다. 지휘관은 아버지로 직접적으로 부대를 지휘해 임무를 잘 수행하도록 이끈다. 부대 주임원사는 병사와 간부 관리, 부서 간 조화, 병영 관리 등 부대 운영 전반을 직접 챙기며 궂은일을 도맡아서 하는 부대라는 가정의 어머니이다. 정말 가정의 어머니와 같이 크게 두드러지지 않으나 항상 곁에 있으며 제 역할을 톡톡히 해내는 반드시 필요한 존재이다.

주임원사가 신경 써야 하는 일이 너무도 많으니 육체적, 정신적으로 힘들 수밖에 없다. 그들의 노고는 끝이 없다고 할 수 있다.

나는 감사하게도 포대장 시절부터 훌륭한 주임원사와 함께했다. 그들은 부대 관리를 하는 데 있어 수십 년 경험을 토대로 수많은 고민과 갈등을 같이 논의해주었고 방안을 제시해주었다. 특히 방공포병 부대는 근무 환경이 힘들어 사건사고가 많았는데 여단 주임원사가 나서서 장병들의 사기 진작을 위한 활동을 제안해주어 큰 도움이 되었다. 주임원사는 병사들이 조금 처진다 싶으면 "여단장님, 오늘 전투 체육 시간에는 포상휴가를 걸고 족구 한번 하시죠?", "이번 주는 신분별 소프트볼 게임을 해 이기는 팀에게 간식 한 번 쏘시죠!" 같은 제안으로 분위기를 바꾸어주었다. 주임원사의 적절한 조언에 나는 늘 미소를 지으며 "좋아요, 한번 하시죠!"라고 대답했다. 또한 주임원사는 "정비지원 부서 인원들이 요사이 많이 힘들어하고 있습니다"라면서 부서마다의 특징이나 힘든 상황을 넌지시 알려주기도 했다.

주임원사는 수천 명에 달하는 여단 내 병사들의 신상을 모두 파악하고 있기에 주임원사를 통해 사건사고를 해결한 적도 많다. 특히 몇몇 사건은 주임원사의 힘이 아니었으면 해결하기 힘들었을 것이다. 함께한 주임원사에게 마음으로 큰 빛을 진 느낌이다.

지휘관과 주임원사는 신뢰를 바탕으로 부대 내 희로애락의 파도를 함께 넘어가는, 말 그대로 생사를 함께하는 전우 그 자체이다. 그랬기에 여단장과 사령관 시절, 나와 함께했던 7인의 주임원사들과는 전역 흐 지금까지 개인적인 만남을 이어오고 있다. 그만큼 이해관계가 아닌 오직 사람과 사람이 만나 서로 좋은 감정으로 힘듦과 고통을 나누었기에 그 시간의 소중한 추억을 나눌 수 있는 것이다.

'잇다' 리더십을 위한 10가지 원칙

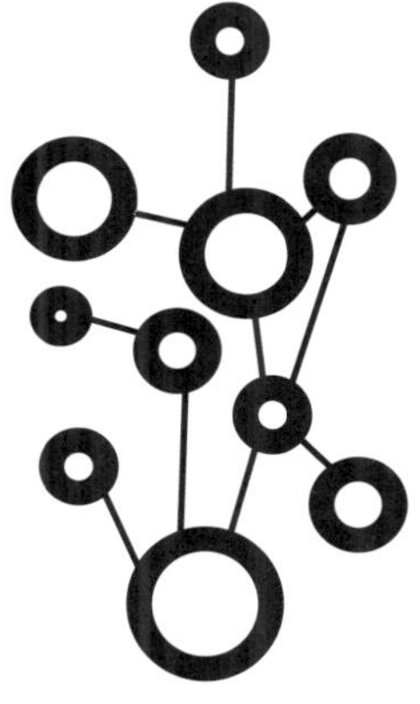

계급은 빼고 존중을 더한다

군에 계급이 있는 이유는 전쟁이라는 극한의 상황에서 조직을 일사불란하게 움직이기 위해서이다. 계급 질서를 통해 지휘 계통을 명확히 세워 긴급하거나 중요한 상황에서 명령이 떨어지면 곧바로 실행되도록 만든 것이다. 그렇기에 군에서 계급은 단지 명칭이 아니라 그 자체로 권한과 책임의 무게를 규정하며 신뢰의 상징이기도 하다.

하지만 계급은 역할에 따라 부여되는 외적 구분으로, 그때 당시 자신이 맡은 소임에 따른 책임임을 명심해야 한다. 나이가 벼슬이 아닌 것처럼 계급이 사회적 서열이나 신분을 결정짓는 것은 아니다.

그런데도 군에서는 '계급이 깡패'라는 말이 종종 들린다. 업무 지도나 지시라는 미명하에 아랫사람을 아예 무시하는 이들도 있다.

또 계급이 올라갈수록 자신이 하위 계급에서 일할 때 그 역할과 업무를 해내는 게 얼마나 어려웠는지 당시 겪었던 아픔을 잊어버리고 부하들을 닦달하기만 한다. 심지어 직접 경험해보지 않은 역할은 너무 쉽게 생각하여 업무의 경중을 헤아리지 못하고 채근하기도 한다.

나는 군 생활을 하는 내내 계급을 내세워 무리한 업무 지시를 내리지 않으려고 노력했다. 부하나 관련자들이 역할을 제대로 수행하지 못했을 때는 지금 일할 수 있는 분위기가 조성되어 있는지부터 먼저 확인하였다. 만약 어려운 상황이 있다면 조직의 관리자나 군의 지휘관이 이를 인정하고 업무 환경 조성을 위해 함께 노력해가는 게 필요하다는 점을 알려주었다.

우리 모두는 다 똑같은 사람들이다. 단지 계급이 높다고, 조금 더 경험했다고 다른 사람을 무시하면서 잘난 척해서는 안 된다.

나 이외에 다른 사람의 경험과 지식을 존중하고자 노력하는 것이 무엇보다 필요하다. 현재 자신의 기준으로 부하들이나 상대방에게 무언가 지시하고 요구를 하기 전에 상대의 경험치나 정보의 정도를 파악해야 한다. 그들은 내가 경험하거나 가지고 있는 지식과 동일선상에 있지 못할 수 있음을 명심해야 한다.

#1
중요하지 않은 의견은 없다

내가 소령 계급으로 남양포대에서 포대장으로 있었을 때의 일이다. 한번은 포대 관리를 위한 회의를 하는데 한 하사가 자신이 겪은 상황을 의견으로 제시하려 했다. 그때 갑자기 준위(장교와 부사관 사이의 감독관 계급)가 하사의 말을 가로막았다.

"네 의견이야 턱도 없는 소리일 테고….."

그러면서 준위는 앞에서 말했던 자신의 주장만 되풀이하였다. 나는 그 상황에서 '저 하사가 과연 군에서 간부로서의 정체성을 가질 수 있을까?' 하는 걱정이 제일 먼저 들었다. 선배들에게 눌리고 후배들에게 치이다 보니 보람을 느끼며 자기 일을 해내기가 힘들 것 같았다. 저들이 중사, 상사, 원사가 되었을 때 상위 계급인 장교뿐 아니라 하위 계급인 초급 간부 하사를 존중하는 사람이 될 수 있을까 하는 의문도 생겼다.

그날 나는 모두의 의견을 들어보자면서 아예 한 사람씩 발언하도록 중재하였다. 들어보니 현장 가까이에서 문제점을 파악하고 있는 하사의 의견이 꽤 쓸 만하였다. 준위도 하사의 말을 모두 듣더니 고개를 끄덕일 정도였다. 간부회의에서 막내 하사의 좋은 의견 하나로 그날의 회의는 효율적

146

으로 마무리되었다.

군대에서 사건사고가 가장 많이 발생하는 계층이 초급 간부인데 그 원인에는 그들을 존중하지 않는 우리의 잘못된 군 문화의 영향도 크다고 할 수 있다. 스트레스를 해소할 수 있는 여건이 조성되고 자신의 고민과 고충을 털어놓을 수 있는 상대나 동료 선·후배가 있다면 사고가 조금은 줄어들 것이다.

#2
틀림이 아니라 다름을 인정한다

군내 여성인력이 많아지면서 여권이 신장되었다고 하지만 내가 군에서 전역하던 2017년까지만 해도 남성인력 위주의 군 운영으로 인해 여군은 여러 불편을 감수해야 했다. 특히 당시 남군을 위한 집단 샤워시설은 어디에나 있었으나 여군을 위한 시설은 따로 존재하지 않았다. 매주 수요일, 전투체육 시간이 있는데 여군이 편안하게 씻을 수 있는 공간이 없었던 것이다.

어느 날 전투체육이 끝났는데 여군 몇 명이 급하게 운동장을 빠져나가는 게 보였다. 문득 '저 여군들은 어디서 씻지' 하는 생각이 들었다. 참모를 불러서 확인했더니 숙소가 가까우면 숙소에 가서 씻지만 멀면 그냥 화장실에서 대충

땀을 닦을 수밖에 없다고 했다.

한겨울도 아니라 한여름에 그러면 너무 불편할 것 같아 몇 주 동안 참모들과 검토해서 여군에게는 전투체육이 끝나면 일정 정도 자기 점검을 할 수 있는 시간을 주었다.

그러자 남군들 사이에서 불만이 터져 나왔다. 왜 여군에게만 특혜를 주냐는 거였다. 이 문제는 자칫 성별 갈등을 불러일으킬 우려가 있기에, 나는 직접 남군 대표들을 모아 간담회를 했다.

누군가를 설득하려면 일방적인 자기변명이나 대의를 제시하며 지시 전달만 늘어놓아서는 안 된다. 아무리 좋은 의도라도 상대에 대한 이해와 배려가 없다면 더 큰 오해만 살 뿐이다. 그래서 남군들의 이야기를 충분히 듣고 전투체육이 얼마나 힘든지, 끝나고 나면 얼마나 피곤하고 땀이 많이 나는지부터 공감을 해주었다. 그런 다음 자연스럽게 "김 중사, 이 하사와 같은 동료 여군들이 전투체육 후 어디 가서 씻는지 알고 있냐"라고 질문했다.

다들 "뭐 알아서 씻겠죠" 하고 대답했으나 당혹감이 얼굴에 드러났다. 전투체육 후 별도 시간을 준 것만 생각했지, 여군들의 씻는 문제에 대해서는 전혀 고려하지 못했던 것이다.

계속해서 다양한 상황을 제시하고 '나라면 어떻게 할 것인가?’라며 질문에 대한 해결책을 만들어나가니 결국 남군들도 이해를 했고 그렇게 이 문제는 별 무리 없이 해결되었다.

차별과 차이는 다르다. 차별을 해서는 안 되지만 차이는 인정해야 공정해진다. 기울어진 운동장에서는 정당한 시합이 불가능하다. 운동장이 기울어져 불리한 팀이 있다면 그 상황이 해소될 때까지는 추가적인 조치와 지원이 있어야 한다.

지금 이 순간에도 우리가 살아가는 사회 곳곳에는 다름을 틀림으로 오해하고 서로의 감정만 내세우기에 갈등이 벌어지는 현상이 끊임없이 발생하고 있다. 다름을 인정하고 서로를 존중할 수 있는 여건을 만들어나가야 한다.

#3
역지사지가 되면 저절로 존중의 자세가 나온다

2012년, 2여단에서 대천 탄도탄감시대를 창설했을 때의 일이다. 변변한 사열대도 없이 사무동만 덜렁 지어놓고 컨테이너 몇 개를 설치해놓은 상태에서 무더운 여름날인 8월에 창설식을 진행했다.

차에서 내려 대천 탄도탄감시대 창설식장으로 들어서는데 부대원들이 땡볕에 서서 기다리고 있는 것이 보였다. 그리고 건물 그늘 쪽에 단상과 의자 몇 개가 놓여 있었다. 나는 그 모습을 보고 도착 후 즉시 감시대장에게 단상과 의자를 햇볕 아래로 옮기고 대신 병력을 그늘로 이동하도록 지시했다. 조금이라도 더 많은 장병이 그늘에 설 수 있도록 배치를 바꾼 것이다.

그날, 나는 2시간여 동안 땡볕 아래에서의 행사와 현장 점검을 마치고 힘든 내색을 하지 않고 부대원들과 일일이 악수까지 나누었다. 그런 다음 차량으로 돌아오니 전투복이 온통 땀으로 젖어 있는 게 확연이 느껴졌다. 그러자 그늘에 있지 않은 부대원들은 정말 많이 더웠겠구나 하는 걱정이 들었다.

진정한 지휘관이라면 나는 장군, 너는 병사라는 계급을 앞세우기보다 사람 존중의 원칙하에 작은 일에서도 부하의 입장을 고려해야 한다. 그래야 자연스럽게 아랫사람의 충성심이 흘러나올 수 있다고 생각한다. 바꾸어보면 나 역시 내 윗사람과의 관계에서 똑같은 마음이 들 것이기 때문이다.

당나라 중기 시인 백거이(白居易)가 남긴 명언 중에 "현명하다고 상
급자가 되고 어리석다고 하급자가 된 것은 아니다"라는 말이 있습니
다. 상급자라고, 나이가 많다고 예의와 배려를 안 해도 되는 것은 아
닙니다. 누구도 계급, 부, 성별, 인종 등의 다름을 이유로 다른 사람
을 무시해서는 안 됩니다. 우리는 모두 인간이기에 서로 존중하는
자세가 먼저여야 합니다.

사람은 빼고 상황을 더한다

일반 사회에서도 마찬가지겠지만 여러 계층의 사람들이 모인 군에서는 하루가 멀다 하고 연이어 크고 작은 사건사고가 발생한다. 어떻게 보면 군대에서 리더인 지휘관의 역할은 매일의 문제 상황을 해결하며 그럼에도 조직이 하나의 목표를 향해 나아가도록 이끄는 것일 수도 있겠다는 생각이 든다.

여기서 중요한 것이 리더의 문제 해결 방식이다. 문제 상황이 발생하면 목소리부터 높이며 사람을 몰아붙이는 유형이 있다.

"뭐하는 놈들이야! 당장 불러와!"

문제 상황의 모든 잘못이 사람에게 있으니 문제를 해결하려면 사람을 닦아세우면 된다는 사고방식을 가진 것이다. 하지만 이는 근본적인 문제 해결책이 되지 못한다.

《손자병법》에는 천시(天時), 인시(人時), 지시(地時)가 전쟁의 승패를 가름한다는 말이 나온다. 나는 사회에서든 군대에서든 모든 일의 승패도 마찬가지라고 생각한다. 이 세 가지가 잘 맞아떨어져야 모든 일이 원활하게 돌아가는데 천시는 하늘의 뜻이기에 어쩔 수 없다. 하지만 사람의 문제인 인시와 상황으로 치환되는 지시는 어느 정도 조절이 가능하다고 본다. 그래서 '사람으로서 할 수 있는 일을 다하고 하늘의 명을 기다린다'라는 진인사대천명(盡人事待天命)이라는 말도 생겨난 것 아니겠는가

그중에서도 가장 먼저 해야 하는 것이 상황 정리이다. 상황이 정리되면 사람은 그 안에서 최대의 능력을 발휘해 안 되는 일도 성사시키기 때문이다.

#1
문제 병사도 으뜸 병사가 될 수 있다

남양포대장 시절, 정비반 소속 병사 중에 사고를 친다거나 말을 안 듣는 것은 아니었는데 모든 일을 곧이곧대로 이야기하고 상황을 수용하기보다는 자신이 옳다고 생각하면 고집을 굽히지 않아 갈등을 빚는 독특한 성향의 골칫덩어리가 있었다. 사사건건 상사에게까지 대거리를 해대고 여러 사람과 다툼이 있으니 더 이상 두고만 볼 수 없는 지경에 이르렀다.

주임원사와 함께 이 문제를 어떻게 처리할까 고민하다 솔직한 게 장점이니 그 병사에게 아예 부대의 문제점을 찾아내 내게 직접 보고하도록 하는 '대표 병사' 직책을 맡겨보자는 아이디어가 떠올랐다.

그렇게 새로운 완장을 채워주니 그 병사는 신이라도 났는지 열정을 가지고 맡은 일에 최선을 다했다. 인정을 받았다고 느껴서인지 순기능으로 다른 사람과 부딪치며 갈등을 일으키던 일도 줄어들었다. 매일 외곽 순찰까지 자진해서 돌며 부대를 살피고 자질구레하고 번거로운 일을 찾아서 보고했다.

이는 포대장으로서 크게 보람을 느낀 일이 되었다. 부대 전반을 병사의 시각으로 볼 수 있어서 좋았고, 작은 상황 변화로 그 병사를 문제 병사에서 으뜸 병사로 거듭나게 할 수 있어 뿌듯했다.

대부분의 장병은 자신의 역할을 선택하기보다 주어진 역할에 충실해야 하는 게 현실이다. 그렇기에 개개인의 특성을 파악하고 그들이 가장 잘할 수 있는 임무를 부여해 '인정'받을 수 있도록 상황을 만드는 것도 지휘관의 역할이자 능력이라고 생각한다.

타고난 재능은 못 이긴다는 말이 있다. 내가 그 사람을 바꾸기 위해 안쓰러운 노력을 하기보다는 조직의 여건이 가

능하다면 그 사람의 타고난 재능과 성향을 인정하고 그 재
능이 올바르게 발휘되도록 공감하며 조정해보는 것은 어떨
까?

#2
결국 사람이 문제를 해결해낸다

무등산 포대에서 포대장으로 근무했을 때의 일이다. 어느
날 당번병이 다급하게 포대장실로 뛰어 들어오더니 "포대
장님 포대 정문 초소에 불이 났습니다"라며 화재 상황을 보
고하는 게 아닌가.

당번병의 말을 듣자마자 자리에서 화들짝 일어나 정문으
로 달려갔더니 진짜 초소가 불타고 있었다. 내 가슴속에서
도 불길이 치솟았다. 이렇게 어처구니없는 사고가 일어나
다니 어이가 없을 지경이었다. 당장 급한 것은 불을 끄는 일
이니 전 장병을 소집해 양동이며 그릇에 물을 담아서 퍼 날
랐다. 힘을 합치니 4평 남짓한 목조 초소의 불길은 금세 잡
혔다. 한숨 돌린 다음 정문 초소 경비를 섰던 병사들을 불러
화재 원인을 조사했다.

초소 안에서 초병들이 기름난로를 피웠는데 기름의 양 조
절을 잘못한 게 원인이었다. 기름 보급이 어려웠던 시절이
기에 기름난로를 많이 때보지 않아 기름을 너무 많이 넣었

고 그러다 연통에 불이 일시에 올라 그 불길이 나무로 옮겨 붙은 것이다.

나도 사람인지라 실수임을 알면서도 이런 결과를 만들어 낸 병사들에게 먼저 화가 치밀었다. 그러나 상황 조치를 위해 불을 끄는 와중에 심리적으로 많이 차분해졌기 때문에 한편으로는 그들이 무슨 죄인가도 싶었다. 우선 사람이 다치지 않았으니 이 사고를 잘 마무리하고 이후 안전교육을 단단히 하면 큰 문제가 아니라는 생각도 들었다.

나는 얼른 시설반장을 불러 마치 아무 일도 없었던 것처럼 초소를 하룻밤 사이에 지을 수 있느냐고 물었다. 얼마 전에 포대 단결을 위한 간부 정신교육을 해서인지 시설반장은 시원하게 할 수 있다고 대답했다. 초소에서 경계 근무 중 사고를 냈던 병사들에게 함께 초소를 짓도록 지시했다. 자기들 손으로 자신들이 만든 문제를 해결할 수 있게 하니 초소 병사들은 열심히 시설반 병사들을 도왔다.

하룻밤 사이에 초소를 짓는다니, 지금 생각으로는 엄두도 못 낼 일이지만 서로 자신의 일인 양 마음과 힘을 모아 노력해보니 가능한 일이 되었다.

이를 통해 리더가 상황만 제대로 정리해주면, 위기의 순간에 문제를 생각보다 쉽게 해결할 수 있음을 느꼈다. 무엇보다 해결 방향이나 문제점을 명확히 제시해주면 구성원들이 함께 문제 해결을 위한 상호 간의 강한 의지와 노력 또한 불러일으킬 수 있음도 깨달았다.

#3
본질을 꿰뚫어야 상황이 바뀐다

사람들은 일의 과정보다는 결과를 중요시한다. 당연하다. 모든 일은 결국 결과를 보고 평가할 수밖에 없기 때문이다. 하지만 본질을 꿰뚫어보지 못하면 억울한 피해자가 생길 수 있다.

2여단장 시절, 한번은 해발 1,468여미터 화악산 포대 장비에 눈과 얼음이 엄청나게 쌓여서 문제가 되었던 적이 있다. 당시 사령관님은 눈을 제대로 털어내지 않고, 장비가 얼게 놔둔 포대장을 처벌하라고 지시했다. 그런데 사실 포대장이 오랫동안 장비를 방치해둔 것이 아니었다. 밤새 기후가 갑자기 변했는데다 화악산 포대 기상 특성상 기온이 예상보다 심하게 내려갔고 눈까지 엄청나게 쌓이면서 하룻밤 사이에 생긴 천재지변의 문제였다. 이는 격오지 근무를 해본 사람이라면 누구나 이해할 수 있는 상황이지만 일반 지형에서라면 도저히 상상할 수 없는 기상 이변이었다. 이럴 때일수록 자신만의 관점으로만 바라보아서는 상황을 수용할 수가 없다.

물론 결과적으로 그렇게 장비가 얼어버리면 작전에 지장이 생길 수밖에 없다. 그렇지만 사람의 힘으로는 막을 수 없는 상황이었음을 무등산 포대장 시절의 경험으로 알고 있었기에 사후 수습에 좀 더 지혜롭게 대처할 수 있었다.

이후 어떻게 하면 기후 변화에도 장비 관리를 잘할 수 있는지 오랫동안 문제 해결 방법을 고심했다. 실패를 최소화하고 좋은 결과를 계속해서 내기 위해서는 잘못된 부분을 제대로 들여다보고 그 상황에 맞는 시기적절한 해결방안을 제시해주어야 하기 때문이다.

리더의 한마디

사건사고가 생길 때마다 본질을 꿰뚫어 문제를 총체적으로 바라볼 수 있는 안목을 키워야 합니다. 근시안적인 해결책으로는 문제를 더 키울 수 있습니다. 미국의 성공학 연구자, 동기부여 명강사인 나폴레온 힐(Napoleon Hill)은 "위기를 제대로 헤쳐나가는 능력이야말로 성공의 열쇠"라고 했습니다. 우리는 경험과 학습을 통해 본질을 꿰뚫는 눈을 기를 때 진정한 리더로 거듭날 수 있습니다.

서류는 빼고 현장을 더한다

대한민국 영공 방위의 일익을 책임지고 있는 공군방공포병사령부(현 공군미사일방어사령부)에는 도심권 부대뿐만 아니라 전국 각지의 환경이 열악한 격오지 부대까지, 크고 작은 방공포병부대 수십여 곳이 소속되어 있다. 이들 각 부대의 규모는 제각각인데 인원으로 보면 백여 명에서 수백 명에 이르기까지 한다.

그런데 격오지 부대일수록 인원이 적고 그러다 보니 방공포병부대 포대장은 몇 명 안 되는 부하 간부와 함께 작전, 인사, 행정, 교육, 회계, 보안, 훈련 업무를 전부 감당해내야 한다. 그러니 대다수 격오지 포대의 경우 두세 사람이 해야 하는 일들이 한 사람의 담당 업무로 명문화되어 있다. 일단 어느 포대에 배속되면 일반적으르 2~3년가량은 그곳에 있어야 하는데 이와 같이 제한된 환경과 충분치 못한 부대 병력으로 인해 통상 방공포병 특기는 그 기간 동안 다른 특기의 업무 분야까지 함께 수행해 전문가가 되어야 하는 상황에 처하는 것이다.

그렇기에 격오지 방공포대 지휘관이나 장교, 간부들의 부대 지휘는 8대 2의 비율로 현장 위주 중심으로 관리되어야 한다. 현장을 배제하고 행정 위주의 업무 방식으로는 부여된 임무를 성공적으로 수행하기에는 제한되는 상황이 너무도 많기 때문이다. 부대 특성과 임무 성격을 고려하여 끊임없이 현장을 확인하고, 현장에서 답을 찾고, 그 찾은 답을 현장에 적용할 수 있어야 하는 것이다.

#1
모든 결정은 현장 확인이 먼저이다

앞에서도 말했는데 무등산 포대는 1,200여 미터의 고지에 있기에 방공포대 중에서도 높은 곳에 위치해 환경이 매우 열악했다.

가장 큰 문제는 급수가 제대로 안 된다는 점이었다. 산 아래에서 포대가 위치한 산 정상까지 급수 펌프를 이용해 물을 끌어 올렸는데 급수관의 길이가 정말 수 킬로미터나 되었다. 이 급수관은 일자로 똑바로 설치된 것이 아니라 산 지형의 경사를 따라서 이리저리 휘어진 형태로 되어 있기도 했다. 그러니 수시로 짐승들이 훼손하지는 않았는지 누수가 되는 곳은 없는지 등 각각의 지점들을 확인해야 했는데 이는 결코 쉬운 일이 아니었다. 겨울이면 영하 30~40도가 되어 물이 얼어 동파되는 일도 비일비재했다. 그럴 때마다 동파되거나 얼어 있는 지점을 찾기 위해 수 킬로미터씩 산악 지역을 이동하면서 점검해야 했고, 동파된 곳이 나타나면 뜨거운 물과 토오치 램프를 이용하여 녹여야 했다.

포대장이 직접 작업하는 현장에 가서 격려도 하고, 지원과 감독을 하며 몇 시간씩 함께하기도 했는데 그때마다 온몸이 얼어붙을 것 같은 추위 속에서 검붉게 튼 손으로 작업하는 병사들의 모습을 보며 마음이 많이 아팠다.

그렇게 갖은 애를 써서 물이 올라오기라도 하면 다행이었다. 한번 급수관이 완전히 얼어버리면 최소 열흘은 물이 나오지 않았다. 당장 취사를 해야 장병들에게 급식을 할 수 있는데 물이 안 나오니 궁여지책으로 눈을 녹여서 식수로 쓰기도 했다. 감성적 측면으로 바라만 보던 하얗고 탐스럽게 내린 눈들은 꽤 깨끗할 것 같지만 현실은 많이 달랐다. 그 고지대의 눈도 생각보다 많이 더러워 몇 번이고 끓여서 두세 차례 자체 정수 처리를 해야 했다.

상황이 이렇다 보니 일단 포대원을 어떻게 먹여 살려야 할지가 포대장에게는 최우선 과제가 될 수밖에 없다. 작전이 아니라 생사가 걸린 문제가 되는 것이다. 평지 부대에서만 근무해본 사람은 상상도 못 할 일일 것이다.

이러한 상황을 접하면서, 우리가 살아가는 사회 구석구석에서도 행정적으로만 판단하고 결정하여 조직을 운영하기보다는 특히 결정권자들이 현장에 있는 사람들의 삶이 어떠한지를 직접 체험하고 느껴보는 경험을 통해 객관적인 결정을 내려야 함을 배우게 되었다. 이는 지휘관 시절 내내 내 마음속에 자리 잡았다.

#2
때로는 상급 부대의 판단이 틀릴 수도 있다

무등산 포대는 대대본부가 있는 나주와 수십 킬로미터나 떨어져 있기에 본부와 기상 상태가 완전히 다른 경우도 종종 생겼다. 무등산 정상에서 포대장으로 근무하던 나는 여름 장마철 낙뢰로 인해 작전 장비에 이상이 생기기 전에 장비 케이블을 분리하여 작전 장비 운영 장애를 예방하는 활동을 가끔씩 했다.

그런데 각각의 위치에서 판단하는 기상의 조건이 다를 수밖에 없기에, 한번은 대대에서는 지금 하늘에 구름이 안 보이고 기상예보에서도 비가 온다는 소리가 없는데 왜 당장 케이블 분리를 해야 하느냐고 지적을 했다. 지금 여기는 곧 구름이 몰려들 것 같다고 했으나 기상예보보다 개인적인 감이 더 정확하냐며 핀잔만 들었다. 결국 케이블 분리를 하지 않고 기다려보기로 했다.

그런데 아니나 다를까, 한시간도 되지 않아서 낙뢰가 떨어지기 시작했기에 서둘러 그 사실을 보고했다. 그러자 이번에는 왜 케이블 분리를 빨리 안 했느냐고 나무라는 것이 아닌가.

때로는 상급 부대나 상급자의 판단이 틀릴 수도 있다. 방공포대의 특성상 현장에 있는 지휘관의 판단을 믿어야 하는 경우가 많다. 그런데도 현장 실무자나 하급 부대의 생각을 제대로 표현할 기회를 주지 않는 때가 있고 그들의 말을 잘 믿어주지 않았다. 현장 상황 자체가 상급 부대 기준에 맞춰 끌려가고 있는 것이다.

예하 부대는 현장의 상황을 있는 그대로 알려주고 상급 부대는 이를 받아들이는 문화가 필요하다. 지휘관들은 나름의 기준을 가지고 일을 처리해야 하지만, 꾸며진 것이 아닌 현장의 진실한 목소리를 들으려 노력하는 것도 중요하다.

#3
지휘관은 특히 적극적으로 현장을 확인해야 한다

사령부에서 작전통제부장으로 근무할 때 백령도에 배치되어 있는 부대에 꼭 가보고 싶었다. 북한과 가장 인접해 있기도 하고 평소에도 상당히 다양한 형태의 작전 상황이 백령도 인근에서 벌어지는데 항공작전 상황도에서 백령도는 그저 하나의 점으로만 표시되기 때문이었다.

백령도 포대의 작전 현장이 궁금해졌다. 과연 어떤 작전 환경을 가지고 있는지, 어떤 위협에 직면해 있는지 현장에서 내 눈으로 직접 확인해보고 싶었다.

"백령도 포대의 환경이 정말 궁금합니다. 전국의 다른 포대와 비슷한지, 특이사항이 있는지 확인해서 우리 사령부에서 포대 관련 결정이나 작전을 할 때 참고하고 싶습니다."

이렇게 사령관님에게 보고를 드렸더니 흔쾌히 허락해주었다.

과연 현장에 가보니 지도에서 보고 사람들에게서 들은 것과는 확연하게 달랐다. 백령도는 그만의 작전적 특성을 가지고 있었다.

그렇게 백령도를 다녀온 것이 내게는 든든한 현장 경험으로 남았다. 적기의 위협이 있을 때 어느 현장을 어떻게 통제해야 하는지 머릿속에 그려져서 좀 더 자신 있게 작전을 펼칠 수 있었다.

그만큼 자신이 직접 체험한 것과 그렇지 않은 것에는 비교할 수 없는 큰 가치의 차이가 존재한다.

리더의 한마디

사령관이 되고 부하들이 보고할 따마다 "직접 가봤어, 직접 확인했어?"라고 묻고는 했습니다. 백문이 불여일견이란 말이 있듯이 듣는 것은 내 눈으로 한 번 보는 것만 못하기 때문입니다. 또한 조직심리학에 '켈의 법칙(Kel's Law)'이라는 것이 있습니다. 권위적인 조직에서 직급이 하나 멀어지면 심리적 거리감은 제곱으로 커진다는 이론입니다. 그러니 조직이 커질수록 직급 간에 두꺼운 벽이 쌓여 현장의 목소리는 멀어지고 서류가 많아집니다. 리더라면 현장의 목소리를 주기적으로 청취하고 현장 상황을 직접 확인해야 합니다.

의심이나 비난은 빼고 비전을 더한다

매년 많은 아까운 인재가 군 조직을 떠난다. 스스로 군대가 자신의 적성에 맞다고 자부하던, 타고난 군인이라고 할 수 있는 초급 간부들이 몇 년 군 생활을 하다가도 어느 순간 군에 박았던 말뚝을 제 손으로 뽑고 나가버리는 것이다. 또 모범적으로 군 생활을 잘하던 군인이 순간적인 판단 착오와 일탈로 큰 사건을 일으켜 어쩔 수 없이 군복을 벗어야만 하는 상황도 생긴다.

왜 이런 일이 벌어질까?

그 원인은 미국의 심리학자 매슬로(Abraham Harold Maslow)가 주장한 다섯 단계의 '욕구 단계 이론'에서 찾아볼 수 있다. 이 이론은 인간은 가장 기본인 생리적 욕구, 안전 욕구를 만족시키면 그다음으로 애정과 소속의 욕구, 존경의 욕구, 자아실현의 욕구가 충족되어야 행복감을 느끼고 꿈과 비전을 갖고 열심히 살아갈 수 있다고 말한다. 나는 군에서 인재들이 떠나는 이유가 바로 이런 욕구들이 제대로 충족되지 못하기 때문이라고 여긴다. 존중과 사랑을 받지 못하면서 소속감이 떨어지고, 자아실현이 이루어지지 않으면서 자긍심이 사라지고, 거기에 비전이 제대로 제시되지 않으면 떠나는 선택지밖에 없는 것이다.

안타까운 마음에 후배들에게 잘하라는 채찍질과 훈계를 늘어놓는 사람이 많다. 특기 분야가 다르다고 서로 견제하며 비난하는 경우도 때때로 생긴다. 하지만 군에 유능한 인재가 많아지려면 소속감을 심어주고 존중받고 있다는 것을 느끼게 해주어야 한다. 또 무엇보다 개인 차원에서의 희망적인 미래와 목표에 대한 비전이 명확히 제시되어야 할 것이다.

#1
소속감과 자부심을 가지도록 해야 흥이 난다

공군에는 비슷한 병과를 모은 총 9개의 특기 부문(특기군)이 있다. 그중 방공포병은 유사시에 직접 최일선에서 싸우는 전투특기에 속한다. 그런데 공군 내에서 이 방공포병에 대한 인식이 내가 전역하던 2017년까지도 긍정적이라고 할 수 없었다. 전군 후 30여 년간 공군과 사령부에서 많은 노력을 기울였음에도 공군 내 장병들에게 방공포병은 여전히

육군에서 전군해 와 태생이 다른 부대, 산에 주둔해 있어 일
상생활조차 하기 힘든 부대, 한번 작전에 들어가면 며칠씩
출퇴근도 없이 고생하는 데도 인정받지 못하는 부대로 잘
못 인식하고 있었던 것이다.

물론 실제로 육군에서 전군된 시절, 작전통제장교(TCO)
들의 일상생활은 장교라 할 수 없을 만큼 힘들었다. 작전 및
비상대기를 수행한다는 이유로 근무 중 상당한 시간을 좁
디좁은 사격통제장비 내에서 밥도 가져다주는 것을 먹고,
옷도 못 갈아입었으며, 씻는 것마저 생각조차 할 수 없이 생
활하기도 했다. 포대장들도 산간오지 포대의 협소한 곳에서
사나흘에 한 번씩 24시간 부대 비상대기 임무를 부여받고
5분 이내 사격 태세 유지를 위해 10시간 이상 사격통제장비
내에서 대기를 해야 했으며 상황에 따라 며칠씩 퇴근도 못
하고 부대를 지휘해야 하기도 했다. 청춘을 그렇게 산 위에
서 고생한 방공포병 장교들이 추후 인정과 보상을 받지 못
하던 현실도 안타까운 문제였다.

그럴수록 방공포병사령부 예하 지휘관은 우수한 인재
가 더 이상 군을 떠나지 않도록 최선을 다하는 장병들의 노
고를 인정해 자긍심을 심어주고 앞으로 더 밝은 미래가 있
을 것이라는 비전을 보여주려 노력했다. 그 과정이 있었기
에 많은 방공포대 소속 장병 및 군무원들이 어려움을 이겨

내고 인내하며 사명감을 가지고 군에 장기적으로 복무했던 것이다.

#2
한마음이 되어 나아가야 한다

나 또한 방공포병의 최고 위치인 병과장이 되기까지 가슴 아픈 일을 여러 차례 겪었다. 방공포병이 육군에서 전군되었기에 기존 공군 출신인 나조차도 공군과는 문화도, 인식도, 조직 체계도 달라 쉽게 이해받고 인정받을 수 없었던 적이 많았기 때문이다.

2015년에는 다른 공군 내 사령부어는 없는 인행처장 직책이 우리 사령부에만 있다는 이유로 없애라는 공군본부의 지침이 내려왔다. 또다른 관점의 기준이라 따라야겠지만 각 사령부 고유의 특성을 고려하지 않은 지침이 아닌가 하는 생각이 들었다.

또한 다른 사령부는 모두 공군본부에서 전력사업 업무를 총괄하는데 우리 방공유도탄사령부만 업무의 특성으로 인해 전력계획과를 따로 두고 사령부에서 직접 업무를 수행한다. 그런데 이에 대해서도 여러 차려 다른 기준으로 갈등을 빚기도 했다.

특히 인력 충원을 거절당했을 때 방공포병에 대한 차가운

시선을 직접적으로 느끼기도 했다. 인원을 요청해도 반영되지 않거나 정말 필요한 인원이 아닌데 올렸다는 이야기를 듣기도 했다. 그러면서 방공포병부대에 부정적인 시선을 보내는 것이다.

하지만 1991년 전군한 방공포병사령부가 공군에서 자리를 잡은 지도 이제 한 세대인 30년이 지나면서 공군본부의 직접적인 지원은 물론 방공포병 스스로가 이런 상황을 개선하려는 노력을 많이 했기에 변화가 이루어지고 있다고 생각한다. 그후 방공포병사령부에서 현재 공군미사일방어사령부로 불리기까지 여러 선배 방공포병 리더들이 후배들에게 꿈과 비전을 보여주었기에 이런 변화를 불러올 수 있었다.

#3
다른 분야(특기)를 이해하려는 인내와 노력도 필요하다

여단장 시절 우연히 우리 여단의 인원 구조를 보고 깜짝 놀란 적이 있다. 당연히 방공포병부대이기 때문에 방공포병 특기가 대다수를 차지할 것이라 여겼는데 방공포병은 20~30퍼센트에 불과하고 나머지는 모두 방공포병이 아닌 다른 분야(특기)였다.

그런데도 상대적으로 소수인 방공포병이 마치 모든 일을

전부 하는 것처럼 행동하고 있었다. 다수의 방공포병 특기 내에 소수의 다른 특기 분야가 있는 것이 아니라, 다수의 다른 특기 분야와 함께 방공포병부대가 운영되고 있는 상황인 것이다.

이러한 현실적 인식을 하지 못한다면 함께 근무하는 사람들에게조차 인정받지 못할 것이다. 비록 방공포병부대에 잠시 소속되어 근무하는 타 특기 분야이지만 그들을 인정하고 진심으로 대하는 것이 반드시 필요하다. 그들을 통해 비추어지는 방공포병의 모습이 곧 공군 전체에 비추어지는 우리의 모습이기 때문이다.

하지만 내가 전역을 할 때까지도 여전히 상당수 리더가 같이 일하는 사람들의 노고를 그냥 말로만 공치사하는 경우가 많았다. 이는 비단 방공포병부대에만 국한되어 일어나는 일이 아니다.

그러나 군에서는 어떤 특기 분야도 독불장군 방식으로 일할 수 없다. 다양한 특기가 어우러져야 하는데 서로가 진심으로 다가가지 않으면 신뢰를 쌓을 수 없다. 리더라면 늘 함께하는 모든 사람을 신뢰하고 보듬어 갈 수 있도록 노력하여야 한다.

리더의 한마디

사람은 밥 없이는 살 수 없으나 또한 밥만 있다고 살 수도 없습니다. 꿈과 비전은 인생의 나침반이기에 이것이 없는 사람은 인생의 갈래 길에서 헤매게 됩니다. 또 궁극적인 자아실현의 설계도이기에 이것이 없다면 우리가 바라던 변화나 발전은 끝내 찾아오지 않고, 결국 우리는 자포자기하거나 일상의 노예로 전락하고 맙니다. 꿈은 언제나 꿈꾸는 사람을 모질게 시험한다는 사실도 잊지 마세요.

불통은 빼고 소통을 더한다

군은 계급에 의한 위에서부터 아래로의 지시 전달 체계가 엄격하게 확립되어 있는 조직이다. 상대적으로 아래에서 위로의 대화 창구는 막힌 경우가 많아 약자로 여겨지는 집단의 불만이나 애로사항이 드러나기가 힘들다.

하지만 어느 조직이든 위아래가 자연스럽게 소통되지 않는다면 필연적으로 크고 작은 문제가 생기기 마련이다. 조직 말단의 목소리를 들어주는 것만으로도 문제가 해결될 수 있고 또 해결해나가는 과정을 통해 조직원 간에 신뢰가 쌓여 긍정적인 변화를 불러올 수 있다.

그래서 대화가 중요하다. 대화는 오해를 줄이는 가장 좋은 방법이자 신뢰를 쌓고 서로의 차이를 이해하며 갈등을 해결해나가는 최고의 도구이다. 그리고 진정한 소통은 듣는 것에서부터 시작되어야 한다.

나는 방공포대장이라는 지휘관 직책을 처음 맡은 대위 시절부터 부하 장병들의 건의사항을 적극적으로 들으며 그들을 이해하려고 노력했다. 덕분에 장교로 임관 후, 34년간의 군 생활 중 혼자만으로는 감당할 수 없었던 크고 작은 사건 사고를 함께 이해하고 인정하며 상하간 최선을 다해 해결을 위한 노력을 해가면서 극복할 수 있었다. 그 사실에 지금까지도 감사한 마음이다.

#1
소통의 물꼬를 트는 일이 중요하다

내가 무등산 포대장이었을 때는 3~4일에 한 번씩 작전 지역 포대장 사무실에서 밤새 대기하는 '5분대기 근무'를 해야 했다. 이때 작전 수행 이외에 특별히 지정된 업무가 있는 것은 아니기에 대다수 포대장은 부대 관리나 임무 수행을 위한 작전절차를 연구하거나 허용된 범위 안에서 부대 활동을 융통성 있게 하기도 했다.

그런데 나는 이를 모두 장병들과 소통하는 시간으로 채웠다. 5분대기 날이면 이병, 일병, 상병, 병장, 하사 식으로 돌아가며 신분별, 계급별로 부하들과 함께 일명 간담회를 한 것이다.

그러다 보니 5분대기 날 저녁 시간이면 일과시간보다 더 바빴다. 순번을 짜서 수첩에 표시까지 해가며 대화 모임을 가지니 12시 전에 잠자리에 든 적이 없었다.

당시 '마음의 편지' 제도도 시행했는데 병사들에게 하고 싶은 이야기를 한 달에 한 번씩 희망자에 한해서 제출하도록 했다. 그걸 편지 봉투에 밀봉해서 주면 내가 5분대기 때마다 뜯어서 확인했다. 이것 역시 하나씩 읽어 보는 데 많은 시간이 소요되었다. '생활관에 쓰레기통이 없다', '외박을 나갔다 돌아오는데 복귀 차량이 너무 늦게 와서 택시를 타야 하는 경우가 많다' 등 포대장으로서 내가 해줄 수 있는 소소한 건의사항은 즉시 해결해주거나 언제까지는 반드시 해결해주겠다고 약속을 했다.

하지만 건의사항 중에는 예산이 많이 들거나 상부지침에 위배되어 내가 조치해줄 수 없는 것도 있었다. 그러면 그 부분에 대해서는 이해를 시키기 위해 특히 많은 시간을 할애하여 이유와 배경을 설명했다. 그러자 자연스럽게 소통이 이루어지면서 불평불만이 줄어들었다.

이렇게 소통을 챙기니 포대장으로서 부대의 문제 사항이 빠르게 파악되어 어느 지점에 선택과 집중을 해야 안정과 변화를 불러올 수 있는지가 쉽게 구분되었다. 이로 인해 나 역시 심적으로 크게 안정되었다. 역시 소통은 일방통행이 아닌 쌍방통행이 필요하다.

#2
전화통화와 이메일로 소속감을 높이다

계급과 직위가 올라갈수록 지휘해야 하는 부대와 부하들이 많아지면서 직접적인 소통을 챙기는 것이 어려워졌다. 대대장이 되면 5~6개 부대를 지휘해야 하기에 모든 일을 직접 확인할 수가 없었다. 이때 믿고 맡기는 것, 즉 위임의 중요성을 실감했다.

"너희가 하는 모습에 따라서 내가 지도 방문하는 횟수가 달라질 것이다. 현지 지휘관으로서 당당하게 지휘해라."

이렇게 말하며 예하 지휘관들에게 힘을 실어주니 실제로 다들 너무도 잘해주었다.

하지만 공군의 방공포대는 한곳에 모여 있는 것이 아니라 여러 곳에 흩어져 있어, 문서로 전하는 지시사항이 모호해지기 쉬웠고 관점의 차이로 인해 중요성이 반감되는 일 역시 자주 발생하였다. 무엇보다 같은 대대 소속이라는 결속력이 약해지는 것 같았다.

그래서 전화통화를 적극 활용했다. 어느 한 부대에 치우치지 않기 위해서 예하 부대 지휘관들의 사진 옆에 '바를 정(正)'자를 써가면서 통화한 횟수를 체크했다. 전화로 업무 지시를 다시 한번 확인하고 지휘관으로서 느끼는 애로사항 이야기도 수시로 나누었다. 그때 시작했던 전화통화의 습관은 여단장, 사령관이 되어서까지 이어졌다. 또 예하 지휘관들에게 당부하거나 확인해야 할 사항들을 정리해 메일로 보냈다.

이렇게 하니 대대의 주요 업무와 이슈를 빠뜨리는 것 없이 다 같이 공유해 업무의 완결성을 높일 수 있었다. 예하 지휘관들도 대대본부와 업무 협조가 잘된다는 느낌을 받아 소속감을 높일 수 있었다고 말했다.

\#3
소통은 노력한 만큼 변화를 불러온다

과거 방공포병부대에서 근무했던 단기복무 장교들이 전역하는 날 군내 부조리나 불만사항을 직접 공군본부나 참모총장께 메일로 보낸 사례가 있었다. 그들 대부분이 국내 유수 대학교를 나온 엘리트들로 자신이 겪은 군의 비정상적인 모습이 바람직하게 변화하기를 바라는 마음에서 용기를 내어 그렇게 한 것이다.

바로 위 상관에게 그때그때 보고하지 못하고 전역 날 참모총장께 메일을 보내다니…. 이것만 보아도 불통의 문제가 군 내에 적지 않음을 알 수 있었다.

하지만 사령관이 된 나는 이로 인해 방공포병 전체가 문제 집단인 것처럼 오해되어 비추어지고 우리의 가치를 인정받지 못하는 것이 안타까웠다. 그래서 전역을 앞둔 방공포병부대 근무 장교들을 순차적으로 소집하여 워크숍을 열었다. 불만이나 애로사항을 부대 내에서 풀어놓고 해결할 기회를 만들어주고자 한 것이었다.

나름대로 성과를 거두어 전역하는 장교들이 내게 직접 메일을 보내 몇 가지 부조리함을 바로잡을 수 있었다. 한번은 전역을 앞둔 장교가 포대장의 부조리를 공군본부에 직접 알릴지 아니면 사령부에 우선 이야기할지를 여러 차례 고민하다 워크숍에 참가한 이후, 공군본부가 아닌 나에게 메일을 보내기도 했다.

"사령관님을 믿고 메일을 드립니다. 내용을 보시고 잘 조치하여주십시오."

그간 단기복무 장교들과 소통하려고 했던 노력이 헛되지 않았구나 하는 생각이 들었다. 이후, 사건을 조사해 조치를 하였고, 해당 전역 장교들에게 결과를 통보하기도 했다. 이것이 공군본부의 참모총장께 건의되었어도 결론은 비슷하게 났을 것이다. 하지만 방공포병사령부 내의 문제를 해당 부대 내부에서 처리하는, 상호 소통과 공감의 시스템 속에서 해결되었다는 것이 분야 책임자인 나에게는 중요한 의미가 있었다.

이후에도 정기적으로 워크숍을 열고 여러 가지 소통 방법을 강구해서 대화를 진행했다. 이런 노력의 결과인지는 몰라도 사령부에서는 조직의 안정적인 운영과 상하간의 신뢰감 형성으로 오해와 불신으로 인한 사건사고가 크게 줄어들어 부대를 지휘하는 데 훨씬 부담이 덜했다. 덕분에 문제해결을 위해 투자되어야 할 시간을 또 다른 소통을 위해 재투자할 수 있었다.

리더의 한마디

소통은 리더십의 기본입니다. 진심 어린 대화가 벽을 낮추고 불만을 잠재우며 협동을 불러오기 때문입니다. 인간관계와 소통의 대가 데일 카네기(Dale Carnegie)는 비판, 비난, 불평을 토로할 장을 만들어주는 것의 순기능에 대해 이야기했습니다. 부하의 목소리를 무조건 억누르려고 하지 않고 이해하려고 노력하는 것 자체가 용기 있는 행동입니다. 그리고 진심 어린 이해는 사람의 마음을 움직여 긍정적인 변화를 가져옵니다.

산만함은 빼고 몰입을 더한다

군대 은어에 '꿀 보직'이라는 말이 있다. 꿀을 빨 듯 심신이 매우 편한 보직을 말하는데, 사실 군대는 사람을 편하게 내버려두는 곳이 아니므로 실질적으로 편한 꿀 보직은 존재할 수가 없다. 하지만 군대도 다 사람이 모인 곳이니 조금의 차이일지라도 상대적인 꿀 보직은 있고 누군가는 그 꿀 보직을 누리게 된다.

그런데 이상하게 나는 이런 꿀 보직의 근처에도 가보지 못했다. 아니, 꿀 보직이라고 하는 곳도 내가 가면 온갖 일이 밀려들었고 대위, 소령이 되어 포대장을 했을 때는 남들은 작전에만 집중할 수 있어 오히려 마음이 편안하다는 5분 대기 시간에 병사 간담회를 하고 마음의 편지를 읽어 조치하고 검토 결과를 공유하느라 오히려 시간이 부족했다. 게다가 틈틈이 방공포병 관련 작전 수행 절차 그리고 무기 체계를 연구하고 학사, 석사 공부까지 해야 했다.

이러니 절대 시간이 부족할 수밖에 없었다. 결국 맡은 바

업무를 잘해내고 미래의 발전을 위한 공부까지 소화해내기 위해 나만의 몰입 방법을 개발해내야 했다.

긍정심리학자 미하이 칙센트미하이(Mihaly Csikszentmihalyi)에 따르면 무언가에 완전히 빠지는 '몰입'을 하면 시간 감각도 잊고 오직 앞에 놓인 과제에만 집중할 수 있다고 한다. 그러면 효율성이 극대화되어 많은 일을 처리할 수 있다. 몰입을 하면 스트레스가 줄고 성취감까지 느끼게 된다.

#1
주말 집중 몰입 시간을 확보하다

첫 유도탄 포대장 보직 명령을 받았을 때 작전사령부 부사령관께서 나를 포함해 처음 포대장을 나가는 장교 세 명을 불러서 차를 대접했다. 이야기를 나누다 부사령관님이 갑자기 찻잔을 테이블 모서리에 놓으며 말했다.

"내가 지금 테이블을 탁 치면 이 컵이 떨어질 것이다. 이것은 불완전한 상태이다. 지휘관은 이것을 보는 사람이고 이것이 어디에 있어야 안전한지를 판단하는 것이 지휘관의 역할이다."

그때 그 말씀이 내 기억에 오래도록 남았다. 또 이런 말씀도 하셨다.

"지휘관은 일요일에 다음 주 업무를 준비해야 한다."

이후 나는 스스로 그 말에 크게 공감이 되어 지휘관으로 근무할 때 일요일 오후면 늘 사무실에 나와 다음 주 업무 준비를 하곤 했다. 24시간 주어진 임무에서 벗어날 수 없었던 포대장 때도 그랬고 대대장, 여단장, 사령관을 할 때도 그랬다. 오래전 부사령관님의 그 한마디가 지휘관, 즉 리더가 가져야 할 기본 소양을 인식하는 큰 계기가 된 것이다. 이것은 군 생활 내내 내 안에 깊숙이 자리하여 나도 모르는 사이에 당연히 그렇게 해야 하는 습관으로 자리했다.

무엇보다 주중의 일과 시간과 다르게 주말에는 오롯이 나 혼자 집중해서 부대 업무에 대한 재확인과 계획을 할 수 있었다. 지휘관실에서 조용히 몰입하면서 다음 주 일과를 정리해 조정하고 참모들이 보고한 밀린 업무 과제도 처리했다. 남들에게 여유가 없어 보이지 않고, 업무도 공부도 결국 해내는 책임감 있는 지휘관으로 기억에 남은 것은 모두가 이 몰입 시간 덕분이다.

#2
우선순위 전략을 활용하다

일반 직장을 다니는 사람도 마찬가지겠지만 나는 주중에는 부하들이 수시로 사무실에 업무 관련 보고를 하러 드나

들고, 메시지 확인과 전화통화가 끼어드는 데다, 중간중간 회의를 하거나 여러 약속과 활등이 잡혀 있기에 업무에 집중하기가 힘들었다. 그러면 어느새 결재할 서류가 책상 한 귀퉁이에 작은 언덕처럼 쌓이기 시작한다. 어느 것 하나 그냥 사인만 하고 끝내서는 안 되는 중요한 서류이니 꼼꼼히 확인해야 하는데 그러려면 시간이 부족했다.

나는 경영학을 전공해 박사학위를 받았는데, 그때 시간과 업무 관리에 관한 이론에도 흥미가 많아 이를 찾아가며 공부하기도 했다. 배운 것은 써먹으라고 있는 것이니 몇 가지 기법을 직접 활용해보았다.

그중 가장 먼저 적용한 것이 '우선순위 전략'이다. 이는 한마디로 해야 할 업무를 쭉 정리해 나열한 다음 체계적으로 우선순위를 정하여 급하면서 증요한 것부터 먼저 몰입해서 처리하는 방식이다. 그다음 덜 급하면서 간단한 서류는 미팅 중간, 이동 중일 때처럼 자투리 시간을 최대한 이용해 검토했다.

매일 업무 정리를 해 다음 날 해야 할 일을 미리 파악하고 주말에 또다시 다음 일주일 업무를 정리하는 습관이 있었던 나는 손쉽게 우선순위 전략을 활용해 업무 처리 속도를 높일 수 있었다.

수첩에 매일 시간순으로 메모를 할 때도 우선순위 전략을 활용하는 습관을 들였다. 아예 기록할 때부터 사안의 중요도에 따라 삼색 혹은 오색 볼펜으로 표시한 것이다. 예를 들어 가장 중요하고 우선 처리해야 할 것은 빨간색으로, 조금 미루어도 될 일은 초록색으로 표시해두었다. 그리고 수시로 수첩을 들여다보며 색깔별로 업무를 추진해나갔다. 그 결과 업무 처리를 충분히 조절해나갈 수 있었다.

#3
타임 블로킹 기법을 활용하다

하루를 시간 단위로 나누어 각 블록마다 특정 업무를 모아서 집중하는 시간 관리 기법인 '타임 블로킹' 기법도 잘 활용했다. 이 기법은 정해진 시간 안에 한 가지 작업만 집중적으로 해서, 여러 가지 일을 하면서 전환에 드는 시간 낭비를 효과적으로 방지하는 방식이다. 관련 업무끼리 묶어서 한꺼번에 처리할 수 있기에 업무 효율화가 극대화된다.

그중에서도 특히 매일 오후에 1시간 동안은 보고를 받지 않고, 외부 활동도 되도록 줄이고, 메시지를 확인하거나 전화통화를 하지 않고, 오직 관련 업무 단위로 나누어진 눈앞의 서류에만 집중하는 시간을 확보하기 위해 노력했다. 이 시간 동안은 알람을 설정해놓고 초인적인 정신력으로 몰입해 딥 워크(Deep work)를 해냈다.

어느 날은 알람 소리에 고개를 들었는데, 처리해낸 서류
가 꽤 쌓여 있는 것을 보고 깜짝 놀란 적도 있었다. 동시에
목이 뻣뻣한 것을 느끼고 머리도 아파왔지만 말이다. 이런
몰입의 시간을 가졌다면 단 5분 만이라도 몸을 움직이면서
머리는 쉬게 해야 한다. 그래야 번아웃을 예방할 수 있다고
한다.

리더의 한마디

일이 많아서가 아니라 업무·시간 관리를 잘못해서 일에 치일 수도
있습니다. 미국의 육군 참모총장 출신의 34대 대통령이었던 드와이
트 아이젠하워(Dwight David Eisenhower)는 1954년 연설에서 "인
간에게는 항상 해야 할 일이 있으며, 그 일을 제대로 수행하고 올바
른 결과를 얻기 위한 가장 좋은 방법은 우선순위를 정하는 것이다"
라고 했습니다. 우선순위를 정하면 시간 낭비를 없앨 수 있습니다.
우선순위 전략으로 업무의 중요도를 나누고 집중 시간을 확보해 효
율성을 높이세요.

대충은 빼고 근거를 더한다

사람은 익숙함이 과해지면 긴장이 풀리면서 무심코 대충 일 처리를 하게 되는 경향이 있다. 특히 늘 하던 일이거나 비슷한 일이 반복되면 정해진 단계나 절차를 무시하고 서류 한 장 작성하지 않고 알아서 결론을 내버리기도 한다. 그런데 정말 기가 막히게도 바로 이런 순간 문제가 생기면서 큰 사건사고로 이어진다. 사실은 아홉 번은 그냥 넘어가는데 단 한 번 걸리는 것일 수도 있다. 그러니 당사자 입장에서는 억울하기까지 하다.

맥도날드의 창업자 레이 크록(Ray Kroc)은 매장 운영의 아주 사소한 부분까지 규칙을 정한 《운영 매뉴얼 북》을 만들어 전 세계 어느 매장에서든 동일한 메뉴, 품질, 고객 경험을 제공하도록 한 것으로 유명하다. 그 매뉴얼에는 햄버거 고기 패티 두께에서 계산대 높이, 3초 안에 추가 메뉴 주문 문의 등까지 적혀 있다고 한다. 특히 위생을 중요하게 여겨 손은 30분마다 한 번씩 씻고, 주방 담당은 비닐장갑을 끼고 음식을 만드는데 중간에 모자나 옷을 만졌다면 그 음식은 전부 폐기한다는 주의사항까지 정해져 있다. 맥도날드는 이 매뉴얼 교육을 철저히 한 덕분에 많은 안전사고를 막을 수 있었다고 한다.

나 또한 중요하다고 판단되는 일에서는 항상 절차와 근거를 따져 묻곤 한다. 기존 매누얼이 있는지 살피고, 없다면 관계자에게 문서를 보내 확인을 받았다. 실무자나 부서장 입장에서는 매번 그러기가 귀찮을 수 있음을 잘 안다. 하지만 방심하는 순간 어떤 일이 벌어질지 상상해보면 좀 번거로운 게 낫다.

#1
한순간에 아군도 적군이 된다

남양 포대장을 마치고 공군본부에서 무기발전 담당 장교라는 보직을 맡아 방공포병 무기발전 업무를 했을 때의 일이다. 지금에야 방위사업청이 있지만 당시에는 전투기부터 방공무기까지, 공군의 무기 처계 관련 업무는 항공사업단에서 도맡아 했다. 그 사업단에 방공무기 획득 담당 선배가 있었는데 그분과 사업을 진행하는 과정에서 문제가 발생했다. 원인을 조사하는 와중에 그분이 "공군본부 방공포병과의 김진홍 소령이 의견을 준 대로 사업을 했을 뿐이다"라고 말을 해버려 내가 곤경에 빠지게 되었다.

나중에 안 사실이지만, 당시 그분은 늘 통화 내용을 메모해두었는데 그 기록 중 하나에 '방공포병과의 김진홍 소령이 5월 11일 오후 15시 30분에 부대별로 미스트랄이 들어오는 것을 열 발에서 여섯 발로 줄여달라고 했다'가 있었다고 했다.

정식으로 문의하고 문서로 요청한 것이 아니라 지나가는 말로 물어 대충 기억으로 얘기했는데 그걸 증거로 내밀었기에 내 입장에서는 황당했다. 그래도 나는 근거가 없는데 그 선배는 기록된 근거를 가지고 있으니 그 일이 있은 후 며칠 동안 이쪽저쪽에서 욕을 한 바가지나 들어야 했다.

변명할수록 책임을 회피하는 것만 같았기에 아무 말도 할 수 없었는데 그때 말로 할 수 없을 만큼 마음의 상처를 받았다. '사람이 이런 거구나, 책임 소재를 가리기 시작하면 진짜 한순간에 아군도 적군이 되는구나'를 느낀 순간이었다. 평소에 관계가 좋았던 선후배 사이라도 누군가 책임을 져야 할 순간이 되면 서로 간에 배려와 이해는 생각할 수 없는 것이다.

그 후 특히 무기 체계 사업 추진과 관련해서는 두 번 다시 책임 소재를 놓고 오해와 갈등으로 아픈 시간을 겪지 않도록 기록과 확인을 철저히 하려고 노력했다. 공식 문서로 진행되고 있는지, 누가 결재를 하였는지, 업무 계선상 책임자가 맞는지 등도 꼭 따져 묻는 습관이 생겼다. 이를 잘못했을 때 나 자신이나 부하가 크게 다칠 수도 있기에 인원 관리와 무기 체계 사업 추진을 위한 업무에는 항상 신중하게 다가갔다.

#2
작은 것까지 살피는 세심함을 가져야 한다

대대장 시절에 한번은 구타 사건 관련 투서가 접수된 적이 있었다. 그 투서의 내용이 맞는지 확인하기 위해서는 열 단계가 넘는 절차를 거쳐야 했는데, 그때는 가장 비중이 큰 여섯 단계 절차까지만 확인해도 상황이 확실하기에 규정에 따라 처벌을 내렸다.

그러나 나중에 밝혀진 사실에 의하면 그 투서와 제보자에 대해서도 좀 더 조사해야 할 부분이 있었다. 구타 사건이 발생했을 때 때린 사람을 물론 잘 확인해야 하지만, 맞은 사람에 대해서도 그 배경과 원인을 세밀하게 관찰해야 하는 것이다.

결국, 어떤 사건사고이든 100퍼센트 잘못한 가해자와 0퍼센트 잘못이 없는 무고한 피해자는 없을 수도 있음을 깨달았다. 어떤 유형의 사건사고냐에 따라 비중은 서로 달라지겠지만 대부분 쌍방에 어느 정도는 문제가 있는 것으로 생각된다.

한 사람의 말만 들으면 실수할 수 있다. 반드시 다른 쪽의 이야기도 들어보아야 한다. 99:1의 사건이라 해도 1쪽에도 관심을 기울여야 하는 것이다. 처벌이 필요한지, 훈육이 필요한지, 구두 교육이 필요한지 관리·감독을 맡은 사람은 세심하게 고심해야 한다.

그렇기에 사건사고를 해결하기 위한 제대로 된 절차를 만들어 이를 따르고 조치하면서 진행 간 관련 근거를 명확히 확보해놓는 것 또한 매우 중요하다.

#3
책임질 수 있는 것이 다르다

2여단장, 3여단장으로 근무 시에 여단 정보작전처장이 몇몇 사안에서 내 승인 없이 결재를 완료하는 '전결'을 하는 것을 보고 굉장히 놀랐다. 내가 정보작전처장이었을 때는 상상도 할 수 없는 일이었기 때문이다. 내가 모신 여단장님은 권한이 완전히 위임된 경우를 제외하고는 절대 혼자서 결정하지 말라고 말씀하셨다. 그래야 나중에 문제가 생겼을 때 책임 소재가 명확해진다고 하셨다.

전결은 때로 필요하지만, 책임이 따르는 매우 신중한 일이기도 하다.

한번은 부대 주변에 아파트를 지을 때 고도를 몇 미터까지로 제한해야 작전이 가능한지를 검토하는 일이 있었다. 이런 작전성 검토는 나중에 민원이 들어오는 경우가 많다. 특히 3여단은 부대가 도심 한가운데 있으니 문제가 생길 가능성도 매우 컸다.

어느 날 이런 작전성 검토를 한 서류를 살펴보았는데 중령인 정보작전처장이 관련 업무를 전결하여 처리한 것으로 되어 있었다. 정보작전처장을 불러 왜 그렇게 했는지 물어보았더니 그는 관련 사례도 있고 과거 여단장님의 결심도 받았기에 전결했다고 보고했다. 과거 여단장님의 결심을 받은 내용이 문서로 남아 있는지 물어보았으나 그런 서류는 없었다.

나는 중령이 책임질 수 있는 부분과 장군이 책임져야 하는 부분은 다르기에 그런 식으로 일 처리를 해서는 안 된다고 분명한 지침을 주었다. 정보작전처장 입장은 충분히 이해가 되었다. 과거에 근무했던 여단장의 구두지시에 따라서 일을 처리한 것이다. 하지만 나중에 문제가 불거진다면 이미 전역한 과거 여단장이 그 상황을 책임질 수 있을까? 현 여단장은 자신이 결재하지도 않은 사항에 '내가 책임지겠다'라며 나설 수 있을까?

"참모는 지휘관이 판단하도록 제반 사항을 준비, 정리하여 보고하는 역할을 제대로 수행해야 한다. 참모가 사실과 근거가 명확하지 않은 보고를 하면 지휘관은 그 보고 내용을 믿고 판단과 결정을 하게 된다. 그만큼 참모의 보고는 중요하다. 특히 그 어떤 근거 서류도 없이 지휘관의 결심 사항이 구두 지시였다는 이유만으로 결론짓는 일은 결코 있어서는 안 된다. 그러니 앞으로 작전성 검토를 할 때 전결은 명확한 기준과 절차, 근거에 의해서 진행하고 개인적, 임의적 판단으로 결정하지 말아라."

이렇게 정보작전처장에게 지시했다.

리더가 되었다면 아무 근거가 없는데도 관행으로 익숙하게 하고 있는 일은 없는지 경각심을 가지고 살펴보아야 한다. 그것이 나 자신은 물론 부하를 지켜주는 일이라 생각한다.

리더의 한마디

조직에서는 모든 일이 중요합니다. 특히 중요한 일이라고 생각되는 사항은 거듭 확인하고 근거를 남겨야 합니다. 자동차 대중화 시대를 연 헨리 포드(Henry Ford)는 "익숙한 방식과 매너리즘을 경계하라"라고 했습니다. 대충을 버리고 기본과 본질에 충실하세요. 신은 1퍼센트의 디테일에 깃든다는 말도 있습니다.

꼰대는 빼고 어른을 더한다

우리 시대에 어른이 없다는 말이 가끔씩 들려온다. 아니, 주위에 나이 든 사람은 넘쳐나는데 진정한 어른의 품격을 가진 이는 찾아보기 어렵다고 하는 것이다. 그러면서 나이 든 사람을 꼰대라며 비하하는 경우가 많아졌다. 꼰대란 자신은 아무 잘못한 게 없고, 자기 말만 들으면 모든 일이 다 잘된다며 권위주의를 내세워 고집을 부리는 사람을 비하하는 은어이다.

그렇다면 과연 어떤 사람이 진짜 어른일까?

《브라보 마이 라이프》가 2024년 '세대 간 존경·존중에 대한 인식조사'를 했다. 여기에 존경받는 어른 하면 어떤 이미지가 떠오르느냐'는 질문이 있었는데 2030세대는 책임 감(32.4%), 지혜로움(12.4%), 포용력(12.4%), 경제적 성공(11.2%), 인생의 연륜(10.0%) 등을 꼽았다고 한다. 또한 '존경하는 어른이 필요한가'라는 질문에는 90퍼센트 이상이 필요하다고 대답했다.

어른은 자기 행동이 타인과 세상에 미치는 영향을 인식하고 책임감을 가지고 불안해하는 청년에게 모범을 보이며 앞날의 갈피를 잡아주는 지혜로운 사람을 말한다. 과거 방식을 강요하며 자신의 생각만이 올바른 양 주변의 의견과 조언에 귀 기울이지 않고 나대는 순간 꼰대가 된다는 것을 명심해야 한다.

#1
행동으로 보여주는 게 진짜 어른의 모습이다

어렸을 때 내 꿈은 선생님이 되는 것이었다. 그 이유는 학생들의 생각과 바람을 함께 나눈 훌륭한 선생님을 만났기 때문이다. 바로 초등학교 3학년 때의 담임선생님이다.

그 선생님은 학생들이 좋은 경험을 하도록 이끄는 분이었다. 산 높고 물 맑은 강원도 두메산골에서 학생들에게 무엇을 가르치면 좋을까 고민하시고는 본인의 개인 시간까지 할애하여 학생들에게 공부와 취미 활동을 가르쳤다.

내가 초등학생일 때 강원도에는 '외발'이라고 칼 하나에 합판을 얹어 만든 썰매가 있어서 그걸 타고 얼음을 지치며 놀았다. 하지만 진짜 스케이트는 보기 힘들었다.

선생님께서는 진짜 스케이트를 우리 반 애들한테 나누어

준 다음 체육 시간에 직접 스케이트 타는 동작을 알려주었
다. 나는 그때 스케이트 타는 법을 처음 배웠다. 어디서 어
떤 동작을 해야 하는지 세심하게 애정을 담아 가르쳐주신
선생님께 마음 깊이 감동을 받아 나도 저분처럼 선생님이
되고 싶다는 생각을 했다.

결국 나는 초등학교 선생님은 되지 못했다. 그러나 군에
서 지휘관 생활을 하면서 어떠한 방식으로든 진심과 애정
을 가지고 나와 관계되는 사람들과 함께하려 노력했다. 부
하들은 물론 관련자들을 대상으로 공감과 소통의 기회를
갖고자 다방면으로 시도했고, 그 과정에서 책임감 있는 선
배의 모습을 보여주고자 했다.

사회에 나와서는 대학교에서 리더십을 강의하며 대학생
의 생각과 삶의 방식을 이해하고 공감의 기회를 만들고자
노력했다. 내 어릴 적 조종사의 꿈을 대체한 드론을 배워 가
르치면서도 마찬가지로 고교생, 지역 주민과의 소통을 즐겼
다.

무엇보다 나는 꼰대가 아니라 초등학교 담임선생님처럼
이 사회에 진정한 어른의 모습을 보여줄 수 있도록 관심과
노력을 다하고 싶다.

#2
책임감 있는 모범을 보여주다

나는 1978년 2월 1일, 공군기술고등학교 10기생 350여 명 중 한 명으로 가입교를 했다. 앞에서도 말했는데 당시 얼마나 순진했던지 공군기술고등학교에 들어가면 군사훈련을 받아야 한다는 사실도 몰랐다. 여타 공업고등학교처럼 공군 관련 기술을 배우는 고등학교라고만 여겼던 것이다.

그런데 입교 첫날, 학교는 학생들의 소지품과 의류를 모두 포장하여 소포로 각자의 집으로 보내게 했다. 곧바로 군복과 전투화, 총기를 나누어주었고 다음 날부터 바로 훈련에 들어갔다.

갑작스러운 환경 변화에 모두 적응을 어려워했다. 나 또한 마찬가지였다. 그런데도 우리를 지도했던 훈육관들은 아침 기상부터 저녁 점호를 지나 취침 전까지 인정사정없이 매몰차게 몰아붙였다.

그때는 처음 당하는 상황이라 어쩔 줄 몰라 하며 지냈는데, 지금에 와서 생각해보면 중학교를 갓 졸업한 어린 학생들을 상대로 그렇게밖에 교육과 훈련을 할 수 없었을까 싶다. 먼저 모범을 보여주며 이끌어주었다면, 무지막지하게 몰아붙이며 기합을 주는 것만이 최선의 교육 방식이라고 생각하는 악습을 그대로 답습하지 않고 개선하려고 했다면 어땠을까 싶다. 그랬다면 그 나이에 맞는 희망적인 미래를 꿈꾸면서 조금은 힘든 공부와 훈련을 알차게 병행한 시절로 기억되었을 것이다. 물론, 지금 후배들이 받는 교육 방식은 놀랄 만큼 획기적인 변화가 있었지만…. 그래서 과거를 통해 현재를 느끼며 미래로 발전해가는 것인가 보다.

이런 안타까운 현실 속에서 여러 아픔을 마주해 보아서인지 부대를 지휘하고 장병들과 호흡하는 과정에서, 그리고 진급하는 과정마다 실질적이며 효율적인 조직 관리와 사람 관리를 위한 나만의 기준과 관점을 세우고자 노력했다. 특히 쉽지 않은 상황에서 도전하였던 석사, 박사 공부를 통해 나에게 주어진 조직과 인원을 어떻게 하면 질책 대신 자발적인 참여로 따르게 할 수 있는지 연구했다. 그리고 항상 그 중심에는 무엇보다 나 자신이 더 솔선수범하는 어른의 모습이어야 한다는 원칙이 존재했다.

소령, 중령 때 구보를 하면 '너희들 돌고 와'라고 하고 지켜만 보고 있지 않고 항상 같이 뛰었다. 술자리에서도 끝날 때까지 취한 모습을 보이지 않으려 노력했다. 반듯한 이미지를 통해 부하들이 편안하면서도 쉽게 볼 수 없는 지휘관이 되기 위해 스스로를 변화시켰다.

물론 가끔 화를 내야 하는 때도 있었다. 그럴 때도 한번 잘못에 바로 화를 내는 것이 아니라 세 번의 기회를 주고 문제를 풀어나가는 과정에서 '화낼 만했다'라고 공감할 수 있게 하려고 노력했다. 화를 내더라도 오랜 시간 숙고를 한 다음 진정이 되었을 때 얘기하려고 한 것이다.

권위는 내세우고 권력은 경계한다

1988년 육군 방공포병학교에서 2개월간 대공포인 발칸을 먼저 공부한 다음 청주비행기지로 보임되어 발칸포대를 지휘하는 방공포대장직을 맡게 되었을 때의 일이었다.

부임일 이틀 전에 육군 출신 포대장으로 나보다 3년 선배인 전임 포대장을 만나 사전 인수인계를 진행했다. 그에게 부대 현황과 임무 등에 대한 설명을 듣는데 이해가 잘되지 않았다. 그러자 현장 교육을 시켜준다며 나를 포대장 차량에 태워 6포반으로 데려갔다.

전임 포대장은 그곳에 있는 분대장인 병장에게 진지 브리핑을 시켰는데, 나도 모르게 박수를 칠 뻔했다. 군 생활을 하면서 병사가 브리핑을 그렇게 잘하는 걸 본 적이 없었다. 마치 책을 읽는 것처럼 또박또박, 한 글자도 틀리지 않고 조리 있게 설명을 이어가 '정말 대단한 병사다'라고 감동을 했다. 그런데 전임 포대장이 병사에게 가까이 다가가더니 지휘봉으로 갑자기 늑골 오른쪽을 팍! 팍! 팍! 세 대를 때리며 말하는 게 아닌가?

"다시 해!"

그 순간 나는 속으로 너무 당황했다. '내가 해도 저 병사만큼 잘할 수 있을까?' 싶었는데도 미흡하다며 추가로 시키더니 또다시 왼쪽 늑골을 때리고 나서 한 번 더 시켰다. 그와 다른 포반으로 이동하는데 전임 포대장이 한 말은 더 놀라웠다.

"부하들은 최대한 조져야 하는 거야. 되는 데까지 조져야 말을 듣지, 아니면 안 들어."

운전병도 있는 자리에서 그런 말을 서슴없이 하는 모습에 적잖이 충격을 받았다.

조던 피터슨(Jordan Peterson)의 《질서 너머》라는 책에는 이런 말이 있다.

"사람이 다른 사람에게 권력을 휘두를 때는 무력을 동원한다. 처벌하겠다고 위협해 힘없는 사람들을 자신의 필요, 욕구, 가치에 반하여 행동할 수 없게 한다. 반면에 권위를 행사할 때는 그가 가진 능력을 동원한다. 사람들은 그 능력을 자연스럽게 알아보고 인정하며, 정의가 살아 있음에 안도하며 기꺼이 그를 따른다."

권력이든 권위든 누군가의 생각과 행동, 조직과 사회에 영향을 준다는 공통점이 있다. 그래서 나는 스스로에게 물었다. 권위 없는 권력은 위험하지 않은가? 특히, 부대 지휘관의 역할을 수행하는 나는 어떤 모습이 되기 위해 노력해야 하는가? 권위 세우기에는 시간이 걸리지만 의미가 크다는 것을 이해했기에 나는 그런 사람이 되기 위해 나부터 준비되어야 한다고 생각했다.

내가 속한 조직의 과거 악습이나 부적절한 현실을 답습하려는 자세에서 벗어나 변화와 발전을 추구하는 어른의 모습으로 성장하려고 노력한 것이다.

리더의 한마디

옛날에 했던 방식이 지금도 맞다는 보장은 없습니다. 이마누엘 칸트(Immanuel Kant)는 "선생(先生)은 제자에게 처음에는 판단을 가르치고, 그다음 지혜를 가르치고, 마지막으로 학문을 가르쳐야 한다"라고 말했습니다. 먼저 태어난 어른은 판단해주는 사람이 아니라 뒷사람이 판단을 내리도록 가르치는 사람입니다. '나를 따르라' 식은 어디에서도 환영받지 못합니다.

최고는 빼고 최선을 더한다

정말 머리가 좋은 사람을 보면 감탄이 절로 나온다. 축구나 야구에서 두각을 보이는 프로선수나 피아노, 바이올린 등 연주를 기가 막히게 하는 음악가를 볼 때도 마찬가지 감정이 든다. 그러면서 나도 어느 한 분야에서 뛰어난 천재 DNA를 가지고 태어났다면 얼마나 좋았을까 상상하고는 했다.

안타깝게도 나는 천재가 아니다. 사실, 천재 근처에도 못 가는 지극히 평범한 일반인이다. 그렇지만 나에게는 나만의 장점이 존재한다. 바로 노력하는 재능을 타고난 것이다. 아주 어렸을 때부터 스스로 나서서 무엇인가를 하는 사람은 아니었으나 무엇인가가 주어지면 최선을 다하려고 노력해 왔고 운이 좋게도 그 결실을 얻을 수 있었다.

미국의 작가 말콤 글래드웰(Malcolm Gladwell)은 저서 《아웃라이어》에서 누구나 1만 시간을 투자하면 그 어떤 분야에서든 전문가가 될 수 있다고 이야기했다. 나는 노력

이 최고를 만들지는 못해도 최선의 결과는 가져온다고 믿
는다.

#1
노력해야만 상황을 바꿀 수 있다

생각해보면 나는 일찍 철이 든 아이였다. 1975년 중학교
를 입학하고 서서히 집안 사정과 주변 환경을 이해하기 시
작하면서 공부를 해야 한다는 깨달음을 얻은 것이다.

앞에서도 말했는데 우리 집은 온통 산으로 둘러싸인 강원
도 태백시 탄광 마을에 있었다. 당시 아버지의 벌이가 나쁘
지는 않았으나 여유 있게 대학교 진학을 생각할 만큼 가정
형편이 넉넉하지는 않았다.

그런 상황에서 가장 현명한 진학 선택은 태백기계공업고
등학교에 들어가는 것이었다. 태백기계공업고등학교만 나
오면 취업이 보장되는데다 특히 내가 지원하려는 정밀기계
과는 학비도 면제였기에 그만큼 경쟁이 치열했다. 합격하려
면 공부를 잘해야 했다.

나는 당시 중학교 전교생 250여 명 중에서 전교 20등 안
에는 꾸준히 들었는데 이 성적을 더 끌어올리기로 했다. 자
습서도 참고서도 귀했던 시절이라 주로 친구와 함께 한 과

목씩 시험 범위의 내용을 정리하고 이것을 서로 질문하는 방식으로 공부했다. 노력한 만큼 보람이 있어서 성적은 점점 올라갔고 한 번은 반에서 1등을 하기도 했다. 그때 8반까지 있었으니 전교 10등 안에 들었던 것이다. 주간 조회 행사에서 전교생 앞에 나가서 교장선생님에게 상을 받았던 기억도 있다.

특히, 공군기술고등학교 시험을 앞두고는 당시 중학교 상황이 여의치 않았음에도 교실에서 잠을 자며 공부와 체력 측정에 대비하기도 했다.

초등학교 5학년 때는 신문 돌리는 일을 했다. 어머니는 말렸지만 정말 경험해보고 싶었다. 1년 정도 꾸준히 했는데 태백시 특성상 동네를 이동하기 위해 산을 오르내려야 해서 처음에는 많이 힘들었다. 그러나 한 달 후 신문배달비 2,000원을 받아서 어머니께 드렸을 때는 어린 마음에도 참 뿌듯했다.

지금 생각하면 그때 했던 신문 배달이 매일 아침에 일어날 때 스트레칭과 몸풀기를 하는 내 체력 관리의 기본과 습관이 된 것 같다. 쉽지는 않았지만, 이른 새벽에 일어나서 신선한 공기를 마시며 멀리 산 사이로 올라오는 해를 볼 때면 그 어린 마음에도 보람이 느껴졌다.

#2
자투리 시간의 소중함을 깨닫다

내가 고등학교 1학년일 때 학생 대대장을 했던 3학년 선배가 있었다. 그는 고교 졸업 후 공군사관학교에 입학하여 임관했고, 이후 사관학교 교수를 하다가 전역하여 대학교 교수로 있기도 했다. 그 선배는 공과 사를 확실히 구분해 혼낼 때는 혼내더라도 선배 입장에서 무언가를 가르쳐줄 때는 확실히 알려주었다. 무엇보다 끊임없이 노력하는 사람이기도 했다.

한번은 점호 준비를 하기 위해 열심히 청소하고 있는데 대대장 선배 방에 불이 켜진 모습이 보였다. 살짝 엿보니 선배는 공부를 하고 있었다. 무슨 공부를 하나 기대감을 가지고 바라보았다. 책상에는 영어책과 함께 사전이 있었다. 영어책을 보다가 모르는 단어가 있으면 사전을 확인해가며 읽고 있었던 것이다.

학생 대대장 직책을 맡고 있기에 몹시 바빴을 텐데도 시간을 쪼개서 공부를 하고 있다니! 나는 선배의 모습을 보고 엄청난 충격을 받았다.

어린 나이에 선배의 행동은 강렬하게 뇌리에 각인되었고 이후 나 역시 자투리 시간을 소중하게 여기게 되었다.

정규 학습 시간은 누구에게나 똑같이 주어지는 공부하는

시간이었다. 그러나 자투리 시간을 어떻게 사용하느냐에 따라서 상황이 달라질 수 있다는 생각이 들었다. 그때부터 외박 나갈 때나 이동을 할 때, 조그만 사전을 보는 습관을 들였다.

그 습관은 2사관학교 때도 유지되었다. 2사관학교 때는 연등(군대에서 소등 시간 이후 특별 허가를 받아 전등 켜는 시간을 연장하는 것) 시간이 없어서 저녁 10시가 되면 불을 꺼야 했다. 유일하게 불이 켜져 있는 곳은 당직사관실과 화장실이었다. 그때부터는 화장실에서 공부했다. 그곳에서는 아무도 나를 방해하지 않았다.

좌변기가 많이 보급되지 않은 시대여서 불편하게 쪼그려 앉거나 서서 책을 읽어야 했지만, 나는 책을 볼 수 있다는 것만으로도 좋았다. 누가 갑자기 들어와서 점검하는 일이 없었기 때문에 조용하게 집중도 잘되어 머릿속에 내용이 쏙쏙 들어왔다. 그 시간 동안은 마음이 아주 편안했다.

보통 동기생들이 다 잠들었다고 생각될 밤 11시 즈음에 가서 한두 시간 책을 읽다가 왔다.

#3
노력은 약점도 강점으로 바꾸어준다

나는 소령으로 진급하고 무등산 포대장으로 취임한 이후

부족한 무기 체계에 대한 공부보다 열악한 부대 환경에서 소속 장병들 관리와 부대 관리를 잘하는 데 열정을 쏟을 수밖에 없었기에, 사실상 내가 맡은 무기 체계인 호크에 대해 충분히 파악하지 못한 상태였다. 처음부터 호크 무기 체계에 대해서 충분히 교육받지 못하고 지휘관 역할을 하게 된 것은, 당시 전군과 부대 안정화 등으로 제한된 여건 속에서는 어쩔 수 없는 상황이었지만, 나에게는 큰 약점이었다.

그런 가운데 1여단에서 소속 포대장을 대상으로 작전 가능 평가가 실시되었다. 지휘관의 평가 결과는 부하들을 지휘하는 데 있어 매우 큰 영향을 미친다. 혹여나 지휘관이 불합격이라도 하면 부대원들에게 신뢰를 잃을 수도 있기 때문이었다.

당시 몸이 열 개라도 부족할 정도로 바빴으나 지휘관 평가에서는 무조건 좋은 결과를 얻어내야만 했다. 특히 전체 포대장 중에 공군 출신은 나 혼자뿐이었기에 부담감이 이만저만이 아니었다. 공군 출신으로서는 물론, 개인의 자존심까지 달린 문제였다.

공군에서 온 지 얼마 안 됐으니 그럴 수 있다고 어느 정도는 이해받을 수 있겠지만 '공군이라 패기도 없고 정신력과 열정도 없더라'라는 뒷말은 정말 듣기 싫었다. 업무뿐 아니라 축구든 족구든 뭘 하더라도 질 수 없다는 내심 오기가 있었다. 육군 출신들에게 쉽게 보이고 싶지 않았고, 주변 사람들에게도 강한 인상을 심어주어야 한다는 강박관념을 가지고 있었던 것이다.

나는 평가 몇 주 전부터 병사, 부사관, 초급 장교가 하는 작전 절차 모두를 부하들의 도움을 받아 연습에 연습을 거듭했다. 공부를 하는 것에는 계급과 체면이 필요치 않았다. 나는 묻고 숙지하고 또 묻고 숙지하기를 반복했다. 노력은 거짓말을 하지 않았다. 호크 무기체계를 잘 몰랐던 내가 여단 내 포대장 평가에서 1등을 했다. 과정은 고되고 힘들었으나 결과를 받아들자 가슴속 깊은 곳에서 솟구쳐 오르는 성취감을 느낄 수 있었다. 최선을 다하니 최고가 따라왔다.

그러나 그 성취와 결실은 나 혼자 얻어낸 것이 아님을 확실히 인지했다. 부하들의 정성을 다하는 조언과 조력이 있기에 가능했다.

노력은 절대 우리를 배신하지 않습니다. 앤절라 더크워스(Angela Duckworth)는 저서 《그릿》에서 단순히 1만 시간만 투자해서는 안 되고 '성취 = 재능 × 노력^2'이라는 공식을 제시하며 재능과 결합시킨 노력이야말로 성취를 올리는 데 가장 핵심적인 요소라고 강조했습니다. 중요한 것은 포기하지 않는 나를 만들어나가는 것입니다.

기억은 빼고 기록을 더한다

공군에 입대하면 여러 가지 물품과 함께 '공군 병사 수첩'이라는 것을 하나씩 나누어준다. 효율적인 군 생활을 위해 중요한 일정이나 메모, 연락처 등을 기록하라고 보급하지만 대부분 병사는 이 수첩을 며칠 쓰다가는 관심 없어 하며 버리기 일쑤이다. 꾸준히 수첩에 기록하는 병사들은 정말 손에 꼽힌다.

나도 장교로 임관했을 때 공군 장교 수첩을 받아 열심히 기록했다. 사실, 공군기술고등학교와 2사관학교에 입학했을 때도 수첩을 받았다. 이 수첩들과 이후의 기록 노트들은 내 기억저장 공간을 확 넓혀주는 제2의 두뇌 역할을 톡톡히 해냈고 지금까지도 내 가방 속에는 기록 노트가 함께하고 있다. 이 책을 쓰는 데도 기존에 적어놓았던 수첩과 노트가 많은 도움이 되었다.

알버트 아인슈타인(Albert Einstein)은 "확실한 기억보다는 희미한 기록이 더 낫다"라고 말했다. 우리 두뇌는 저장공

간의 부족으로 단기기억을 장기기억으로 다 바꾸지 못하고
일부 유실할 뿐만 아니라 심지어 이미 자리 잡은 기억에 새
로운 기억이 덧씌워지면서 사실의 왜곡 역시 자주 일으키
기 대문이다. 무엇보다 여러 업무가 복합적으로 진행되면서
정신없이 바쁠 때 수첩에 기록해 정리하면 우선순위가 보
여 하나하나 적절히 해결해나갈 수 있다.

지금은 모두가 모바일 폰을 지니고 있어서 자체적으로 폰
메모장에 기록도 가능하여 예전처럼 수첩 활용을 많이 하
는 것 같지는 않지만, 그래도 나에게는 수첩이 더 편안하게
다가온다. 그러니 리더라면 누군가가 말했듯이 특히 기록하
는 자가 생존한다는 '적자생존의 법칙'을 잊지 말아야 한다.

#1
아버지의 기록 습관을 물려받다

나이가 들어갈수록 아버지를 떠올릴 때마다 참 대단하신
분이라는 생각이 든다. 아버지가 돌아가시기 직전에 어머님
으로부터 두툼한 책 같은 것을 한 권 받았는데 바로 아버지
의 일기장이자 삶의 기록장이었다. 그 일기를 읽으며 나는
미처 깨닫지 못했던 아버지의 절절한 자식 사랑까지 느낄
수 있었다.

일기장의 내용 대부분은 자식들에 관한 것이었다. 자식들이 커서 사회에 진출하고, 군에서 진급을 하고, 가정을 이룬 것까지 하나하나 기록해놓으셨다.

그 많은 기록 중에 내가 소령에서 중령으로 진급을 앞둔 시기에 꿈을 꾸신 이야기도 적혀 있었다. 어느 날 꿈에 하늘로부터 환한 빛이 내려오고 뒤이어 중령 계급장이 보였다고 기록해놓으셨다.

자식을 갖게 되면 부모님 마음을 이해할 수 있다는 옛 어른들의 말이 있는데 이제 나도 손자를 둔 할아버지의 모습이 되고 보니 부모님의 사랑이 더욱 체감되며 더더욱 애틋해졌다. 더욱이 나에게 직접 표현하지는 않으셨으나 한 자 한 자 남기신 기록으로 당신의 모습을 비추어보니 내 아버지 또한 그 누구보다도 자식이 잘되기를 바라고 기원했다는 것을 절실하게 느낄 수 있었다.

겉보기에는 강하고 무뚝뚝한 아버지셨지만, 일기장에 세세한 것까지 기록한 걸 보면 매우 섬세했던 것 같다. 나 역시 지금도 기억하기보다는 작은 것까지 다 기록하려는 습관이 몸에 배어 있는데 아마 아버지의 유전자를 물려받아서인지도 모르겠다.

아버지가 남겨주신 가장 큰 유산에 감사드린다.

#2
개인으로서의 업무 결산을 기록하다

사령관 직책을 수행할 때 나는 매일 아침 출근하면 5분 정도 지휘관으로서의 기도를 했다. 밤사이 사령부 장병들이 아무도 다치지 않고 아침을 맞이했음에 감사하고, 하루 동안 무사히 임무를 수행하기를 기원하는 것이다. 기도 이후 사령부와 관련된 부대와 기관들의 상황을 확인하고 오늘 부대원들에게 전할 메시지를 정리했다.

그다음부터 본격적으로 부대 활동 상황과 부서별 보고를 받는 등 다양한 업무를 처리한다. 오후 5시 정도에 참모장이 결산 보고를 하고 보좌관이 내일 일정에 대해 최종 보고를 하는 것으로 내 공식적인 하루 업무가 끝난다.

하지만 아직 사령관 개인으로서의 업무 결산이 남아 있다. 30분에서 1시간 정도의 시간을 내 오늘의 중요 사항, 특이사항, 주의사항, 우선사항 등을 기록 노트에 정리하는 사령관 개인으로서의 업무 결산을 시작하는 것이다.

이 일은 손님이 오거나 다른 일정이 있을 때는 어쩔 수 없으나 최대한 시간을 안배하여 반드시 챙기고자 노력했다. 안 되면 야간에라도 잠시 나오거나 주말 시간을 이용해서 했다. 개인 성향에 따라 이렇게까지 할 필요는 없다고 생각할 수도 있지만, 사령관 자신이 업무 정리가 되어야 부하들에게 명확하게 업무 지침을 제시할 수 있기에 거르지 않으려 노력한다.

이렇게 기록을 하면 다시 한번 환기가 되기에 업무에서 실수를 최소화할 수 있고, 업무 방향도 설정할 수 있다. 다음 날 아침 출근해서는 이 기록 노트만 펼쳐 보면 그날 해야 할 일이 한눈에 보인다. 전역 후, 지금까지도 그 습관은 계속되고 있다.

#3
나만의 노트 필기법을 만들다

지금도 공식적인 자리나 중요한 미팅이 있으면 늘 가방에서 노트를 꺼내 기록하는 습관을 가지고 있다 보니 여러 사람이 그걸 알아보고 좋은 다이어리를 선물해주곤 했다. 그중 하나가 1년 단위로 계획을 세우도록 설계된, 세계적으로 유명한 브랜드의 다이어리였다. 선물을 받은 다음 해 첫날부터 올해의 목표를 거창하게 적어넣으며 포부를 다졌다. 그런데 효율을 높인다고 용도별로 칸칸이 나누어놓은 그 다이어리 특유의 방식이 나에게는 불편하게만 느껴졌다. 게다가 부피도 만만치 않았다.

결국 나는 기존에 쓰던 그리 두껍지 않은 격자무늬 노트로 다시 돌아왔다. 하지만 주간, 월간 계획을 한 페이지로 정리하는 등 그 다이어리에서 배운 몇 가지 기록법은 빌려와 쓰고 있다.

한번은 부관이 강의를 들을 때나 회의할 때 쓰기 좋은 코넬식 노트 필기법을 이야기해주었다. 이는 미국 아이비리그 코넬대학교에서 고안한 방법으로 노트를 제목 영역, 단서 영역, 필기 영역, 요약 영역으로 나누어 체계적으로 기록하는 것이다.

먼저 제목 영역으로 상단에 주제, 날짜 등을 쓴다. 그다음 왼쪽 공간은 단서 영역으로 조금 남겨두고, 오른쪽 넓은 필기 영역에 들은 내용을 간결하게 기록한다. 단서 영역에는 중요한 키워드, 개념을 써넣는다. 마지막 맨 아래 요약 영역에 전체 내용을 한두 문장으로 요약해두면 된다.

하지만 코넬식 노트 필기법 역시 익숙해지기 전까지는 오히려 불편할 수 있다. 결국 나는 노트 오른쪽에 조금 큰 글씨로 키워드를 써넣는 것만 응용하고 있다. 이것만으로도 충분히 많은 도움이 된다.

생각을 정리할 때 마인드 맵핑, 색깔별로 용도를 구별해 눈에 띄게 하는 삼색 볼펜 필기법 등 찾아보면 좋은 방법이 많다. 나도 삼색 볼펜 필기법은 애용하고 있다. 다양한 방법을 응용해서 자신만의 노트 필기법을 만들어두고 꾸준히 기록해보자.

리더의 한마디

기록은 거짓말을 하지 않습니다. 기록하면 실행력이 커지면서 자신의 꿈과 목표가 성큼 다가옵니다. 무엇보다 기록을 내세워 크고 작은 논쟁에서 이길 수 있습니다. 마이크로소프트사의 창업자 빌 게이츠(Bill Gates)는 레오나르도 다빈치(Leonardo di ser Piero da Vinci)가 작성한 72페이지짜리 《다빈치 공책》(코덱스 레스터)을 3,080만 달러, 요즘 가치로 400억 원을 넘게 주고 구입했습니다. 이는 당시 가장 비싼 책으로 기록되었는데 언젠가 우리가 남긴 수첩도 이 정도까지는 아니라도 가족과 후대에게 좋은 자료의 가치는 가질 수 있지 않을까요?